宇宙ビジネス
第三の波

NewSpaceを読み解く

齊田興哉 ── 著
Saida Tomoya

B&Tブックス
日刊工業新聞社

はじめに

　宇宙ビジネスに興味があるかたもないかたも、宇宙ベンチャー企業の取組みをニュースやコマーシャルなどのメディアを通じて、目にする機会が増えてきた、と感じるかたも多いのではないでしょうか。

　ispace 社 HAKUTO の月面ローバーをテレビ CM で見たことがあるかたも多いでしょう。その他にも、世界を代表する企業としては、米国 SpaceX 社が挙げられます。SpaceX 社は、Falcon 9 ロケットを打上げた後、第 1 段ロケットを地上の所定の場所へ正確に垂直着陸させて回収し再利用する取組みでロケット市場をリードしたり、BRF ロケットにより火星などの惑星へ移住する構想を発表したりしています。SpaceX 社の CEO イーロン・マスク氏は、PayPal などの創業者で、既に IT 企業を設立し事業を成功させた経験をもつ人物です。このように、世界の宇宙ベンチャー企業は、宇宙ビジネスの実績はもちろんのこと、宇宙ビジネスの斬新な発想や第三者へのアピールなども超一流です。

　従来は、このような取組みを目にすることはほとんどありませんでした。テレビ CM、新聞、雑誌などのメディアを通じて PR する相手もいませんでした。それは、そもそも必要性がなかったためです。つまり、昔と今では、宇宙ビジネスの顧客ターゲットが異なるということです。なぜならば、従来の宇宙ビジネスは政府主導であり、国際競争力を向上させるために宇宙技術開発を中心に進められたためです。この時代を Old Space と呼びます。本書ではそのように定義したいと思います。

　Old Space の時代では、宇宙空間という特殊な場所で、故障なく正常に動作させるため、高品質で高信頼性の製品を製造することを主眼に開発が進められてきました。そのため、高い技術力と経営に関する体力などを有する少数の大企業がロケット、人工衛星などの技術開発を担当してきた経緯があります。その甲斐あって、日本はロケットの打上げの

はじめに

成功率が高まり、人工衛星の軌道上運用において設計寿命を全うするなど、米国、ロシア、欧米などの宇宙先進国と肩を並べる技術水準に達することができました。

その反面、従来のような宇宙技術開発の大きなテーマも減少し、政府も宇宙機関も予算の確保が難しくなってきていることは正直なところです。現時点では、宇宙技術開発にブレイクスルーを起こす必要性は希薄になり、その時代は終焉を迎えつつあります。

そのため、政府主導から民間主導へと、技術開発のみならず宇宙ビジネスの分野においてブレイクスルーを起こすべく、民間企業が様々な取組みを始めていると理解しています。この時代をNew Spaceと呼びます。本書ではそのように定義します。

日本を含む世界の宇宙ビジネスにおいて、プレイヤーやビジネスモデルなどがどんどん多様化してきています。従来の宇宙技術開発の時代は、政府から民間企業へ発注するG2B（Government to Business）のビジネス中心でしたが、G2Bに加えてB2B（Business to Business）及びB2（B2）C（Business to (Business to) Consumer）のビジネスが主流になりつつあります。従来は、政府事業を受注するために民間事業者は、よりよい提案書を作成すること、実績を積み高い技術力を保有すること、などに注力してきましたが、今後は民間事業としてビジネスをするためには、顧客を確保し、売上を立てる必要があるため、マーケティング活動をしなければならなくなりました。民間ビジネスとしてはあたりまえのことですが、コスト削減策、製品・サービス開発、業務効率化、マーケティング活動など他業界のビジネスでみられる活動が宇宙ビジネスでようやくみられ始めています。そのため、大企業、中小企業、ベンチャー企業など多くの企業が宇宙ビジネスに直接的にも間接的にも参入する機会が増えると筆者は予想しています。

宇宙ビジネスは、"事業リスクが高すぎる"、"儲からない"、"自分や自社とは無縁の世界である"という声を多方面から多く聞きます。こ

れらの理由から、宇宙ビジネスに参入しないという意思決定をする民間企業も現時点では、多くいることも確かです。

　筆者は、コンサルティングを生業としており、各社から宇宙ビジネスはうまくいかないのではないのか、という問いをよく受けます。この問いに対して筆者は、うまくいくと回答をすることはできません。Yesでもあり、Noでもあります。なぜならば、宇宙ビジネス以外のビジネスであっても同じことがいえるからです。このような実情も理解していますが、いろいろと考える前にまず実行してみる、この点が重要と筆者は考えており、この意思決定のスピードが速いのはIT系企業やその出身者、ベンチャーマインドを有する人たちです。そのため、どんどん新しいことを実施していますし、失敗を恐れない風潮です。もし、失敗があればすぐに改善策に取りかかり、うまくいかないようであれば、きっぱりと止める、など宇宙ビジネスを順調に運営しているのも、このようなかたがたが多いのが特徴です。

　繰返しになりますが、宇宙ビジネスは、"事業リスクが高すぎる"、"儲からない"という点についての筆者の回答としては、Yesでもあり、Noでもあります。

　事業リスクが高いという点は、一例として損害賠償責任の観点が挙げられるのではないでしょうか。例えばロケット、人工衛星、宇宙旅行機など打上げサービスをビジネスとする企業が、打上げを失敗してしまうことで、人命や物などに損害を与えてしまい、多大な賠償責任を負う可能性は否定できません。そのため、日本でも2016年11月9日に宇宙活動法（人工衛星などの打上げ及び人工衛星の管理に関する法律）が成立し、ロケット打上げ企業などが打上げをする際には、保険を付保すること、限度額以上は政府が保証することなどが盛り込まれ、宇宙活動に係る事業リスクなどに関してルールが定められています。これにより、事業リスクを回避するためのルールが盛り込まれたため、企業にとっては、参入の意思決定をスムーズにするものとなるでしょう。2017年11月にはその一部が施行され、2018年11月には全面施行となります。ま

はじめに

た、宇宙活動法に関する法解釈や民間企業間の契約、保険事業は、今まで以上に活発になることも予想されます。

　儲からないという点は、宇宙用部品という高信頼性部品の使用により人工衛星の製造費用やロケット製造及び打上げ費用がかかるという点が挙げられるのではないでしょうか。従来、ロケット、人工衛星などは、宇宙用部品と呼ばれる、宇宙空間でも耐えられる部品が使用されてきました。日照日陰の温度及び温度変化に耐えられる部品、宇宙放射線に耐えられる部品、ロケットの振動や音響環境に耐えられる部品などです。しかし、現在、ベンチャー企業を中心に宇宙用部品ではなく民生用部品を使用することを模索している取組みがあります。民生用部品のなかから、宇宙環境に耐えられる部品を選び出すという作業です。この取組みに対して、従来の宇宙ビジネスに携わってきたエンジニアなどは、懐疑的な意見を持つ人も多いですが、この取組みが成功すれば、コストが大幅に下がるため、ロケット、人工衛星、宇宙旅行機などの打上げサービスをビジネスとする企業は、利益が出やすくなるでしょう。ただし、最良の民生部品を選定したり、その実績をつくったりするのに、多くの時間と労力を費やしてしまう可能性もあります。しかし、ロケット、人工衛星、宇宙旅行機などの打上げサービス以外にも、ビジネスの機会は多くあります。あたりまえのことですが、どの業界でも、各社企業がアイデアを出し、創意工夫しながら、ビジネスモデルを確立させ、試行錯誤しながら競争し合い、自律的に成立していくものです。1つでも成功事例としてのビジネスが出だすと、一気に「無縁」だった世界から、参入したい世界へと変わっていきます。反対に、このような成功がなければ、宇宙ビジネスは、大きく成長することはないと思います。

　また、別の視点として、宇宙ベンチャー企業の取組みは、技術的にも事業的にもフィージブルなのかという意見も多く聞きます。例えば、惑星移住計画は実現可能なのか、時間軸は確からしいのか、惑星探査事業は資源リターンは可能なのか、事業採算が取れるのか、などです。正直なところ、筆者は答えを持ち合わせていませんが、現在、世界の宇宙ビ

ジネスをリードしている宇宙ベンチャー企業は、他の事業で成功してきた優秀でかつ著名な経営者であること、多方面に信頼、信用力がある人物が実施していること、世界を代表する投資家にプレゼンテーションなどでアピールし実際に資金調達に成功していること、他の大企業などと連携していること、などをみるとそれほど間違った取組みではないと筆者は認識しています。フィージブルなのか、事業採算性はあるのか、という結論を急ぐのではなく、まず失敗を恐れずチャレンジしてみる、これが重要なのだと筆者は感じています。成功のために努力する、失敗したら、次の手を考えればよい、撤退すればよいなどの正確な意思決定をすればよい、それを重要視しているのがベンチャー企業であり、Old Space と New Space の企業のマインドの違いと理解しています。

　本書は、大きく３つのパートで構成しています。
　Part 1 では、宇宙ビジネスを概観していただくために、宇宙ビジネスの歴史、国家予算、市場などについて、宇宙先進国のアメリカ、欧州などを中心に紹介し、日本との相違点や世界における日本の立ち位置を理解していただけると思います。また、New Space 時代の政策として、世界の取組みとして、各国でみられる民間ビジネスの支援機能やルクセンブルクや米国の惑星資源探査にかかる法規定の整備、日本における宇宙活動法や宇宙産業ビジョン 2030 などを紹介します。
　Part 2 では、国内外の宇宙ビジネスの最新事例を紹介します。ロケット、小型衛星、宇宙旅行などの分野ごとに取り上げます。Part 2 により、現在の New Space 時代のベンチャー企業の取組み、老舗企業の取組み、ベンチャー企業と老舗企業の経営方針の相違点、競争や協力体制に関する動向などが理解していただけるのではないでしょうか。
　Part 3 では、New Space にみられ始めたビジネスモデルについて、事業構造を描いてプレイヤーとサービスのやりとりを図示することで可視化します。可視化することで、個々のプレイヤーとのやり取りが明確化され、課題の抽出や売上の把握などに役立ちます。さらに、その事業

はじめに

構造を用いて、他業界でみられるビジネスモデルを取り込むなど、応用もきくと筆者は感じています。また、宇宙ビジネスの参入の留意点を紹介したいと思います。宇宙ビジネスの参入の留意点は、宇宙ビジネスに特徴的なもの、ビジネス一般的にいえるものも含まれていますが、筆者が日常の業務において感じている内容を記載しました。

宇宙ビジネスとは、「直接的にも、間接的にも何らかの形で宇宙に関係するビジネス全般」と本書では定義しています。「宇宙産業」、「宇宙事業」という用語は、「宇宙ビジネス」という用語と意味に大きな差異はありません。「宇宙産業」、「宇宙事業」という用語は、Old Space のシーンでよく活用され、G2B（Government to Business）のシーンがよく連想され、「宇宙ビジネス」という用語は、New Space のシーンで活用される傾向がありますが、本書では、読者の混乱と誤解を回避するため、全て「宇宙ビジネス」という表記に統一することとしました。

筆者は、宇宙航空研究開発機構（JAXA）の開発員として、2機の人工衛星の開発プロジェクトに従事した経験があります。新卒で入社し、様々な経験をさせていただきました。実際に現場に出て、宇宙に関連する多くの企業と共に、概念設計から詳細設計、打上げ、運用までの一連の工程を肌で感じた経験を有します。また、プロジェクトメンバーとの信頼関係、企業の枠をも超えた現場の一体感などは、言葉では表現することができないものであり、一生の宝物であり、忘れることはないでしょう。複雑かつ大規模で先進的なシステムを開発する大規模なプロジェクトを皆で課題を解決しながら成功に向かって進む、これが、宇宙ビジネスの醍醐味の1つと考えています。

その後、JAXAを退職し、日系および外資系コンサルティングファームにて官公庁や多種多様な業界の企業のコンサルティングを経験しました。この経験を通じて、様々な業界のビジネスの課題を知り解決に導き、また担当した企業の強み・弱み、特徴を知ることができ、リレーションも構築することができました。筆者は、宇宙ビジネスにおいて、実

際に現場に出て宇宙ビジネスの課題を肌で感じた経験、"禅的"な感覚を有していること、宇宙ビジネスの技術やプレイヤーにおける現状の強み・弱み、特徴、課題を把握していること、そして、宇宙ビジネス以外の多種多様な業界のビジネスの課題を知っていることを強みに持っている数少ない人材であると考えています。

　本書は、こうした筆者の経験を踏まえて、国内外の宇宙ビジネスの"良いところ"や"理想像"だけを紹介したものではなく、宇宙ビジネスの現状はどうであり、どのようなところに強み・弱み、そして課題があり、何に留意すればよいのか、どのようなところにメリットがあるのか、デメリットがあるのかなどを正直に記載したつもりです。

　本書は、宇宙ビジネスに関連のある業界に就職を考えている学生、宇宙ビジネスに関心のある非宇宙企業関係者、宇宙ビジネスの新しい動きに関心のある、従来の宇宙企業の関係者を対象としています。

　宇宙ビジネス業界に就職を考えている学生には、おそらく理科系のかたが多いでしょう。本書を読んで、宇宙技術のみ知見を有する人材に留まらず、「誰に」「いくらで」「何の製品・サービス」を「どのように販売するのか」というビジネスマインドを有する人材を目指そうと少しでも思ってもらえると幸いです。文科系のかたも、今後の宇宙ビジネスにおいては、活躍する場面が多く創出されると筆者は考えています。

　また、宇宙ビジネスに関係がないと思っていた民間企業が、少しでも宇宙ビジネスに関心を持ち、参入を検討していただく材料になれば、筆者は幸いです。このような観点で、支援ができることが筆者の何よりの喜びです。

　本書を執筆する機会をいただいた日刊工業新聞社の国分未生様に深く感謝申し上げます。

2018年4月

齊田興哉

NewSpaceのビジネス領域

　宇宙ビジネスというと、多くの読者が真っ先に思いうかべるのはロケットでしょう。もう少し詳しいかたであれば、次に衛星を挙げられるでしょう。ロケットと衛星を、ここでは宇宙ビジネスのインフラと位置付けています。宇宙インフラには、ロケットの発射場や衛星をコントロールするための地上システムも含みます。この宇宙インフラをベースに、衛星通信、衛星データ利活用、宇宙ステーションといった様々な宇宙ビジネスの分野が展開されています。また、宇宙インフラ領域にサービスや製品を提供する、商社、保険、宇宙用部品・宇宙用機器といった分野も存在します。

　宇宙ビジネスには、あまり多くのビジネス分野が関係していない印象をもたれているかもしれません。しかし実際には、図にも示したように多くの分野が関係して成り立っています。ロケット分野にしても、衛星などの宇宙空間へ運ぶペイロードがなければ成立しないビジネス分野ですし、リスクヘッジのための保険も必要不可欠です。ロケットを構成する宇宙用部品・宇宙用機器の種類も多岐にわたりますし、多くの企業が関係しています。衛星や地上システムも同様です。

　NewSpaceでは、宇宙旅行やエンターテインメントが新しい分野としてみられます。その延長には惑星探査の試みもあります。もともと利活用が盛んな衛星データ分野では、位置情報やリモートセンシング画像を扱うビジネスが、今までは宇宙とは関係ないと思われていたような分野（たとえば金融）にまで広がりを見せています。その一方で、宇宙インフラ分野においても、小型衛星や小型／新型ロケットなど、新規参入の企業の活躍が目立つ領域が現れています。技術開発主導から民間ビジネス主導へ、ビジネス領域が拡大するにつれて、参入するプレイヤーも彼らのビジネスモデルも多様化していきます。

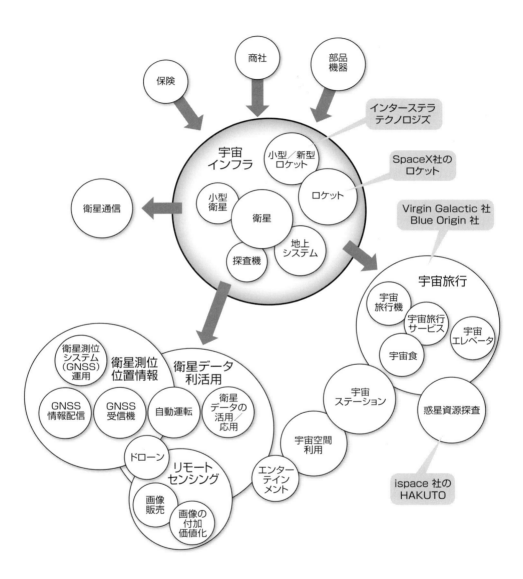

NewSpace のビジネス領域

　宇宙インフラ、宇宙インフラを取り巻く各分野の主要プレイヤーを記した企業相関図を作成しました。

　主な事業として宇宙ビジネスを実施している企業を宇宙企業、それ以外を非宇宙企業として定義しています。国内企業については、可能な限り宇宙ビジネスに関係していることが公表されているプレイヤーを網羅的に入れました。海外企業については、著名なトップ企業を数社と、本書で紹介しているプレイヤーを中心に掲載しました。企業間での出資やサービス提供、モノの販売などなんらかの連携についても、可能な限り図示しています。

　ただし、全ての企業を入れ込むことは非現実的ですので、筆者の主観に依存している部分は大いにあります。ご了承いただけると幸いです。たとえ全てを網羅していなくとも、多くのプレイヤーが関わり、宇宙企業、非宇宙企業が様々な取組みを実施していることがわかります。

　NewSpace の時代から特にみられ始めたのは、企業間の連携や出資、非宇宙企業の進出です。Old Space の時代では、高い技術力と高い信頼性・品質を武器にビジネスを展開していたため、日本ではこのような NewSpace の取組みはほとんどみられませんでした。また、民間企業が自治体とうまく連携することで、宇宙ビジネスの組成と地方創生という Win-Win の関係を構築している点も特徴的です。

　このように、高い技術力と高い信頼性・品質をベースとしたビジネスから、サービスベースのビジネスへと変貌している点もこの企業相関図をみて理解することができます。

　現時点で示している企業相関図は、今から数年後、10年後になれば、宇宙ビジネスを取り巻くプレイヤーも増え、分野もさらに多様化し、新たな企業相関図となっているでしょう。

　宇宙ビジネスへの参入を検討するにあたり、どのようなプレイヤーがどのような分野で取組みを実施しているのか、どのような競合がいるのか、などを俯瞰していただき、少しでも読者の参考になればと考えています。

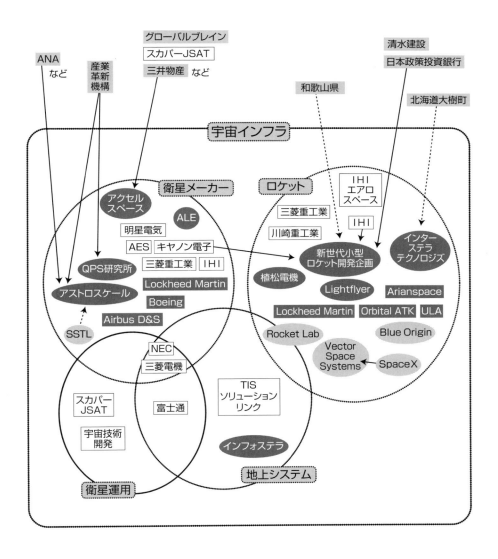

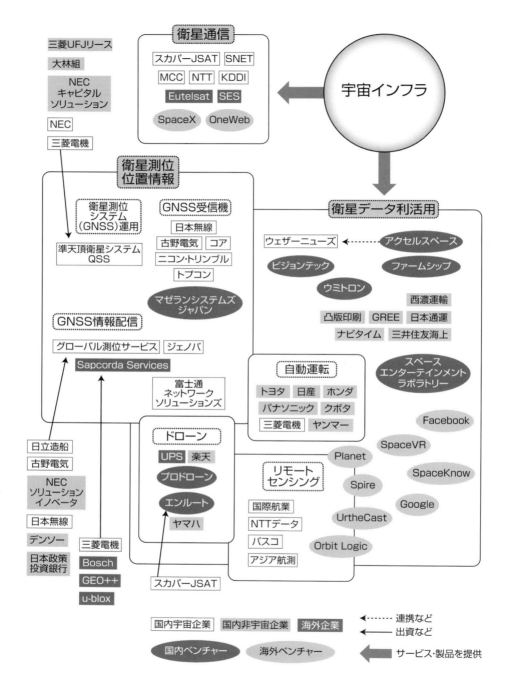

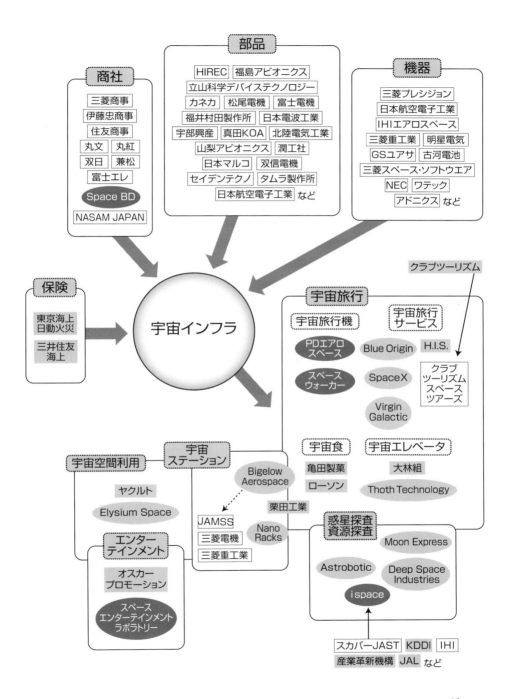

目 次

はじめに …………………………………………………………… 1
NewSpace のビジネス領域 ……………………………………… 8

Part 1
Old Space から NewSpace へ ……………………… 19

第1章　宇宙ビジネスの歴史は競争から協調へ ……………… 20
　　　　米国と旧ソ連のロケット開発競争／戦後の人工衛星の開発競争／有人宇宙分野の争い／月への争い／宇宙ステーション開発と協調の時代到来

第2章　世界のなかの日本の宇宙ビジネス …………………… 24
　　　　ロケット打上げ機会が多い米・露・中／圧倒的な国家予算を有する米国／世界の宇宙ビジネスの市場規模／圧倒的な官需の日本の宇宙ビジネス

第3章　政策で民間企業を後押しする ………………………… 31
　　　　民間の宇宙ビジネスを実施する上で重要な宇宙活動法／米国政府が民間企業の月面商用利用を許認可／惑星資源探査事業の法整備を進める先駆国ルクセンブルクと米国／世界で行われている宇宙ビジネスの民間支援機能／宇宙産業ビジョン2030

日本の課題と成功に必要な条件 ………………………………… 44

Part 2
宇宙ビジネス第三の波 …………………………………… 51

第4章　NewSpace を動かすプレイヤーたち ………………… 52
　　　　IT ジャイアント出身者を中心とした海外ベンチャー企業の台頭／実は宇宙ビジネス出身者が多くない日本のベンチャー企業／多様化する宇宙ビジネスの市場／大企業連合、大企業からベンチャー企業への出資、買収／リ

スク回避による分社化／実は昔からあったクラウドファンディングによる資金調達／NewSpace 時代に求められる人材、職種とは

第5章　NewSpace のビジネスは始まっている　……………………　67

5.1　斬新なアイデアが導くロケットビジネス　………………………………　67
大型ロケットのコスト削減策／航空機によるロケット打上げ／マイクロ波を活用したロケットベンチャー／ハイブリッドエンジンを搭載したロケット／世界をリードする Rocket Lab 社／SpaceX 社創業の小型ロケットベンチャー、Vector／超大型ロケットビジネスの狙い／世界初となる民間運営のロケット射場／夢の宇宙エレベータ建設へ

5.2　NewSpace の花形、小型衛星ビジネス　………………………………　78
大規模コンステレーションによるグローバルブロードバンドビジネス／小型衛星の大量生産の時代到来／宇宙空間を操るビジネス／スペースデブリ除去ビジネス／宇宙の VR 映像化ビジネス／ビットコイン衛星の登場

5.3　リモートセンシング画像の様々な活用法　………………………………　86
リモートセンシング画像と人工知能（AI）で街づくり／リモートセンシング画像と経済指標／リモートセンシング画像と AI で太陽光パネルの設置状況を可視化／リモートセンシング画像のカラー動画とスマートフォンサービス／人工衛星を活用した新しい牧畜業者向けビジネス

5.4　大型衛星の新しい動き　………………………………………………………　91
大型衛星の主流となるオール電化衛星／大型衛星のコスト削減策

5.5　海外の次は宇宙旅行、そして惑星移住へ　………………………………　94
脱出システムとエンターテインメント性を重視した宇宙船の内装／ハイブリッドエンジンでコスト削減を狙う／ロケットを使った高速旅行サービス／デザイン性と機能性に富んだ宇宙服ビジネスの幕開け／民間の宇宙旅行訓練ビジネス／一歩先を行く Bigelow Aerospace の宇宙ホテル／NanoRacks 社、エアーロック事業を加速／老舗企業 vs ベンチャー企業、両社が目指す火星移住計画／アラブ首長国連邦（UAE）の火星移住計画／火星移住シミュレーターから新規ビジネスを創出する IKEA

　　　　／Google Lunar XPRIZE から始まった惑星探査事業／月面探査事業でトップを走る Moon Express 社／月面ランダーを武器に多くの企業と連携／Deep Space Industries 社の惑星資源探査機／日本を代表する HAKUTO／地球外生命を探す数グラムの宇宙船プロジェクト

5.6　異分野に広がる人工衛星データの利活用 ……………………………… 110
　　　気象データを保険事業に活用／測位信号とアニメ、VR、AR で地域活性化／宇宙×仮想現実（VR）／測位衛星を使って農機を自動運転、農作業効率向上／物流×宇宙

5.7　技術を活かす、日本の宇宙ビジネス ……………………………… 116
　　　シャープの新しいフラットアンテナ／キヤノンの回折格子による光学センサーの小型化／栗田工業の宇宙ステーションでの水循環システム／宇宙食の発展／宇宙×医療・健康

5.8　異分野、ベンチャー、老舗企業の挑戦 ……………………………… 121
　　　サービス全般を揃える NewSpace 時代の宇宙商社／思いをかなえる宇宙葬ビジネス／国際宇宙ステーションからの 360 度 VR 映像／次世代の屋内測位ビジネス／超小型衛星キットの登場、進む低価格化／芸能プロダクションの宇宙ビジネス参入／スカパーJSAT の低軌道衛星向けビジネス／水中ドローンによる海洋×宇宙ビジネス

5.9　中国は宇宙強国を目指す ……………………………………………… 128
　　　中国版宇宙ステーションの整備／中国版 GPS 北斗（BeiDou）／中国のリモートセンシングの取組み／20 人乗りの宇宙旅行機の開発計画／中国、宇宙旅行ビジネスに参入／惑星探査計画を意識したパルサー航法衛星／宇宙で使う 3D プリンターの開発

「柔よく剛を制す」日本の進むべき道 ……………………………… 138

Part 3
NewSpaceのビジネスモデル ……………………… 141

第6章　多様化する宇宙ビジネスモデル ……………………… 142

6.1　ハードウェア製造販売を中心とするビジネスモデル ………… 143
官公庁・宇宙機関が調達するロケットや人工衛星の製造販売（G2B）／ロケットや人工衛星の製造販売はG2BからB2Bへ／衛星通信事業者のビジネスモデル／リモートセンシング事業者のビジネスモデル／小型衛星の製造販売ビジネスモデルは民間企業主導／ハードウェア製造に顧客サービスが伴う宇宙旅行（B2B2C）／惑星移住ビジネスのプレイヤー（B2B2C）／惑星探査機（ランダー、ローバー）・サンプルリターン機の製造と資源販売ビジネス（B2B）

6.2　人工衛星データを活用するビジネスモデル …………………… 153
リモートセンシング画像や衛星測位が農業を効率化する（G2B・B2B・B2C）／衛星測位とウェアラブル装置で位置情報を把握するスポーツビジネス（B2B2C）／衛星測位とスマートフォンで位置情報を活用する観光ビジネス（G2B2C）／位置情報を交通・物流ビジネスに活用する（B2B2C）／リモートセンシング画像から付加価値サービスを提供する（B2B2C）

第7章　全く新しい、マーケティング重視の宇宙ビジネスモデル ……… 162
市場を支配する価格破壊型ビジネスモデル（SpaceX）／"場"を提供するプラットフォームビジネス（Facebook、アクセルスペース）／顧客を離れさせない課題解決型ビジネスモデル（SpaceKnow、三井住友海上）／フリーモデル（無料）で顧客を獲得する（SpaceKnow）／ブルーオーシャン戦略ビジネスモデル（アストロスケール、ALE、Space VRなど）／広告塔での収益を狙うビジネスモデル（惑星探査事業企業など）／サプライチェーン変更型ビジネスモデル（OneWebなど）／ディファクトスタンダードを構築するビジネスモデル（Microsemi（旧Actel）、Moogなど）

第8章　宇宙ビジネスに新規参入するには …………………………… 171
　　　　人工衛星はだいたい3種類しかない／人工衛星を活用する6つのメリット／人工衛星とドローン、それぞれの強みと弱み／ニーズオリエンティッドな視点でビジネスを考える／事業構造を可視化して、ステークホルダと市場性を把握する／他分野のビジネスモデルを真似る、アレンジする／避けて通れない信頼性と品質の考え方／宇宙ビジネスのユーザを発掘する、開拓する／宇宙ビジネス新規参入の勘所

おわりに　宇宙ビジネスの未来 ………………………………………… 187

索　引 ………………………………………………………………………… 191

Part 1
Old SpaceからNew Spaceへ

第 1 章 宇宙ビジネスの歴史は競争から協調へ

　本章では、まず宇宙ビジネスの歴史を振り返っておきたいと思います。宇宙ビジネスの歴史は、軍事ビジネスから派生しているといえます。その歴史を学ぶことで、なぜロケットや人工衛星が開発されたのか、そしてそのロケットや人工衛星がどのように利用されていたのか、人類は、なぜそしていつから宇宙に行くようになったのか、など宇宙ビジネスを幅広く知ることができるでしょう。

　本書の目的は、New Space 時代の宇宙ビジネスにフォーカスしていますが、過去、現在、未来を見ることで、新しい宇宙ビジネスを生み出すための参考になれば幸いです。

米国と旧ソ連のロケット開発競争

　ロケットの歴史は、11 世紀の中国までさかのぼるといわれています。当時つくられたロケットは「火箭」とよばれ、筒に火薬を詰めたもので、兵器として使われていたといわれています。

　現在のロケットの原型は、第 2 次世界大戦中に開発されています。祖先ともいうべきそのロケットは、第 2 次世界大戦中に開発されたドイツの中距離弾道ミサイル「V-2」です。「V-2」ミサイルは、フォン・ブラウン氏を中心とした技術者により開発されました。第 2 次大戦終戦後、フォン・ブラウン氏などの多くの技術者は、米国に投降し、米国にて「レッドストーン」や「ジュピター」などのロケットを開発しました。

　一方、旧ソ連へも多くのドイツ人技術者が移り、また「V-2」ミサイルの部品なども多く持ちこまれたといいます。旧ソ連では、セルゲイ・コリョリョフという技術者が旧ソ連の宇宙開発全般を指揮しました。セルゲイ・コリョリョフが存命中は、米国との宇宙開発競争に常に勝利し続けた天才技術者であり英雄です。

　宇宙開発は、このように米国及び旧ソ連の 2 大国の競争となります。

戦後の人工衛星の開発競争

　国際学術連合会議（現在の国際科学会議）は、1957年から1958年までを「国際地球観測年」と定め、地球観測に係る国際科学プロジェクトを掲げました。そのプロジェクトでは、オーロラ、大気光（夜光）、宇宙線、地磁気、氷河、重力、電離層、経度・緯度決定、気象、海洋、地震、太陽活動の12項目が観測対象となりました。

　米国は、そのプロジェクトに向けて、人工衛星の開発や打上げの計画を進めていくこととしました。一方、旧ソ連は、1957年10月4日、突然人工衛星「スプートニク1号」を打上げ、地球の周回軌道に投入しました。これが人類初となる人工衛星の誕生となります。米国は、旧ソ連の人工衛星の打上げの情報を全く察知していなかったといわれています。

　この出来事により、米国、旧ソ連の国家の威信をかけた宇宙技術開発の競争の幕が切って落とされたわけです。

有人宇宙分野の争い

　旧ソ連の人工衛星「スプートニク1号」の打上げで、先を越された米国は、有人宇宙分野で旧ソ連を圧倒しようと計画を進めます。しかしながら、米国は、またもや旧ソ連に先を越される結果となってしまいます。ガガーリンによる人類初となる宇宙飛行です。「ボストーク1号」に搭乗したガガーリンは、1961年4月12日、A-1ロケットにより打上げられ、地球1周の1時間48分の有人宇宙飛行を成します。ガガーリンの名言「地球は青かった」はこのときのものです。

　一方、米国は、その翌月に有人宇宙飛行に成功します。1961年5月5日、「マーキュリー」にて、16分の弾道飛行に成功しています。

　その後も、旧ソ連は、世界初となる女性宇宙飛行士の搭乗、2〜3人乗りの「ボスホート宇宙船」で複数の宇宙飛行士の搭乗や宇宙遊泳などにも成功し、米国を技術力においても圧倒しました。

Part 1　Old Space から New Space へ

　米国ではその後「ジェミニ計画」が進められ、「ジェミニ宇宙船」による2人乗りや、ランデブー・ドッキング、宇宙遊泳などの技術開発が行われ、旧ソ連との競争は激化しました。

月への争い

　ロケット、人工衛星、有人宇宙飛行の競争と続き、米国、旧ソ連の次の競争の場は、月へと移ることとなります。

　有人宇宙飛行の段階で、旧ソ連は「ボスホート宇宙船」で、米国は「ジェミニ計画」で、2人乗り搭乗や、ランデブー・ドッキング、宇宙遊泳などの月を意識した技術開発を行っていました。

　ここでは、宇宙技術開発の競争は、米国に軍配が上がることになります。

　1969年7月20日、米国は「アポロ11号」により人類初の有人月面着陸を成し遂げました。アポロ11号にはアームストロング船長含む3名の宇宙飛行士が搭乗しました。全部で6機のアポロ宇宙船が月面着陸に成功し12名の宇宙飛行士が月面活動を行い、「アポロ計画」は終了しました。

　一方、旧ソ連は、「ソユーズ宇宙船」にて有人月面着陸を目指しますが、ロケットの失敗や宇宙飛行士の事故死が続き、有人月面計画を断念しました。

宇宙ステーション開発と協調の時代到来

　有人月面計画が終焉を迎えると、宇宙に長期滞在して宇宙活動を行うため、宇宙ステーションの計画が米国、旧ソ連で進められます。

　米国は、1973年に宇宙ステーション「スカイラブ」の整備計画を開始しました。同様に、旧ソ連でも宇宙ステーション「サリュート」が1971年に打上げられました。宇宙飛行士が長期に滞在し、宇宙環境の観測や様々な実験が行われました。

　「アポロ計画」による有人月面着陸という偉業を達成したことが大き

かったのか、このころから、米国、旧ソ連の激動の宇宙開発競争は落ち着きを見せ始め、両国は協調へと向かい始めます。

1975年7月には、米国と旧ソ連は、「アポロ」、「ソユーズ」を軌道上でドッキングし、共同実験などを行いました。

1980年代に入ると、頻繁に、かつ容易に宇宙に行って、様々な実験や観測を行うために、米国は、再利用型の輸送機「スペースシャトル」の開発を行い1981年に運用を開始しました。一方、旧ソ連では、1986年に第2世代の宇宙ステーション「ミール」が運用を開始し、スペースシャトルとミールのドッキングなど新しい有人宇宙開発の時代が幕を開けました。

その後、米国、ロシア、日本、欧州、カナダなどの15か国の協力により、1998年から「国際宇宙ステーション」の建設が開始され、2011年にほぼ完成しました。

このように、第2次大戦から国際協調に至るまでに、米国と旧ソ連は、激しい競争を繰り広げてきました。ただし、華々しい偉業達成の裏には、莫大な予算の投入に加えて、失敗、事故、殉職などの犠牲もあることを忘れてはいけません。

第2章 世界のなかの日本の宇宙ビジネス

　世界と日本では、宇宙ビジネスにおいてどのような違いがあるのでしょうか。その違いを知っておくだけでも、宇宙ビジネスを検討する際の有益な情報となるでしょう。
　本章では、世界と日本の宇宙ビジネスの相違点について紹介します。

ロケット打上げ機会が多い米・露・中
　世界では、多くのロケットが開発され、人工衛星などのペイロードを打上げています。ロケットを自国で製造し、打上げることができる技術力を有する国は、米国、ロシア、欧州、中国、インド、日本など少数の国・地域のみです。ちなみにウクライナ、イラン、イスラエルもロケットを製造し、打上げることができる技術力を有する国といわれています。

　2015年から2017年までに打上げられた世界の主要ロケットのうち、日本では、世界トップレベルの打上げ成功率を誇るH-IIA、H-IIBロケット、固体ロケットのイプシロンロケットがあります。米国では、Delta IV、Atlas V、Falcon 9などが有名です。ロシアでは、ソユーズ、Proton Mが打上げられています。中国は、長征3号、4号、インドでは、PSLV、小型のGSLVがあります。

　2015年から2017年の各国のロケットの打上げ実績を示します。年によって、ロケットの打上げ数に変動はありますが、ロシア、中国、米国の打上げ数が多いことがわかると思います。次いで、欧州、インド、日本となります。ロシア、中国、米国では、1年間に20機程度のロケットが打上げられていますので、約2週間に1度のペースでロケットを打上げている試算になります。世界全体でみたときに、年間約70機の

第2章　世界のなかの日本の宇宙ビジネス

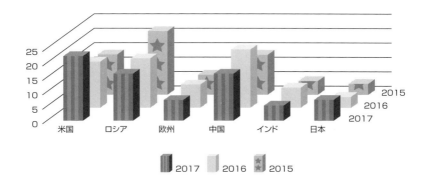

世界と日本のロケットの打上げ数の比較

ロケットが世界のどこかから打上がっています。つまり、1週間に1回以上のペースでロケットが打上げられています。一方、日本は年間4〜5回の打上げ回数です。

　現在でも、世界のロケットの打上げ数と比較して、日本でもロケットの打上げ回数を増やすべき、国際競争力をもたせるべきという議論があります。それを叶えるためには、日本の宇宙予算を増額し人工衛星の開発・製造機数を増やすこと、他国の人工衛星を日本で打上げることなどが必要です。他国の人工衛星を打上げるために必要なことが、日本のロケットの国際競争力を強化することであり、それに必要な条件を既に実現済みのものも含めて列挙してみました。

〈ロケットの性能に係る項目〉
- ロケットの性能向上
- ロケットの打上げ実績（成功率の高さ）
- ロケット打上げ価格
- ロケット打上げスケジュールの短縮

- ロケット打上げ日の打上げ実施確度
- ロケットと人工衛星などのペイロードとのインタフェース調整力

〈射場に関する項目〉
- 射場の数
- 射場の立地条件
- 射場における射点（ロンチパッド）の数
- 射場におけるロケット組立施設の数
- 射場における人工衛星の試験施設の数

〈その他の項目〉
- 人工衛星を射場に運搬するための交通インフラ（空港、船など）
- 顧客獲得のための営業力、マーケティング力
- 射場周辺の宿泊、飲食などの滞在のための環境
- 射場がある地域の交通利便性

など

圧倒的な国家予算を有する米国

　米国、ロシア、中国、欧州、日本、カナダ、インドの宇宙先進国の宇宙予算を比べると、米国の宇宙予算は、世界の宇宙先進国に比べて桁違いに大きいのが特徴です。米国の宇宙予算は、年変動はあるものの約5兆円の規模です。次ぐ欧州、ロシアの宇宙予算規模は、6000億円から7000億円といわれ、大きな隔たりがあることがわかります。

　米国は、膨大な宇宙予算により、官需を中心とした宇宙ビジネスが活性化され、その規模に応じた宇宙ビジネスの機会が創出されています。その機会の分だけ、宇宙ビジネスに携わる人材が存在しますし、人工衛星やロケットなどの開発、製造のコスト競争力が発達するなど、メリットがあります。その効果を活用し、民間ビジネスの機会も多く創出されています。規模の経済と同様の効果です。

　一方、日本の宇宙予算は、どれくらいかご存知でしょうか。日本の宇宙予算は、年変動はありますが、3000億円から4000億円程度です。

日本は、その予算規模に応じた官需の宇宙ビジネスの機会の創出に留まるのが実情です。

　この予算規模の違いをみたときに、読者はどのように感じましたか。筆者は、米国、欧州、ロシアなどの宇宙先進国との予算の違いがあるものの、技術で肩を並べる水準に達した日本の技術力はすごいものがあると考えています。しかし、ビジネスで勝負する戦略面での話は、別です。米国などの宇宙先進国に対してビジネス面で勝負するためには、この圧倒的な宇宙予算規模から生み出される強みに対して、"真向勝負"することは、かならずしも適切ではなく、日本独自のビジネス戦略が必要であり、重要であると理解していただけるのではないでしょうか。

世界の宇宙ビジネスの市場規模

　世界の宇宙ビジネスの市場規模は、どれくらいでしょうか。おそらく、宇宙ビジネスに関連するビジネスパーソンでも、答えられないかたが多いのではないでしょうか。

　世界の宇宙ビジネスの市場規模は、約30兆円といわれています。各種資料によると、2009年時点から現在までも成長し続けている市場です。その市場の成長率は、年平均成長率（CAGR）（2009〜2016年）約5％の成長といわれています。CAGRとは、Compound Average Growth Rateの略で、複数年の売上高を1年あたりに平均したものです。どの年を年平均成長率の算出に含めるかにも依存しますが、読者におおよその感覚をつかんでもらうために他の市場のCAGRを紹介しましょう。例えば、VR、ARの世界市場のCAGR（2016〜2021年）が約113％、ドローンの世界市場のCAGR（2015〜2020年）が約13％、世界のセキュリティー市場のCAGR（2016〜2021年）が約4％、日本の医薬品市場のCAGR（2017〜2022年）が約3％です。紹介したCAGRは、2017年以降の予想を含む値です。VR、ARの市場が急成長するイメージは、TV、新聞、雑誌などに掲載される頻度やそこで紹介される利活用イメージから、大まかに推測することができる

Part 1　Old Space から New Space へ

でしょう。宇宙ビジネスの市場の約5％の成長とは、日本の医薬品市場や世界のセキュリティー市場とほぼ同じくらいとイメージしていただくとよいでしょう。

　次に、宇宙ビジネスの市場の内訳をみてみましょう。世界の宇宙ビジネスの市場を構成するのは、大部分は人工衛星に関する市場で、全体の約70％から80％を占めているといわれています。人工衛星に関する市場は、人工衛星を活用したデータなどに係るサービスが約40％、地上設備に関する市場が約30％、人工衛星の製造が約4％、人工衛星の打上げが約2％となっています。人工衛星の製造や打上げに関する市場は、構成比率としてそれほど大きくないことがわかります。残りの20〜30％は、人工衛星以外に関する市場といわれています。例えば、宇宙有人ビジネスなど宇宙ステーションの運用に係る市場などが該当します。

　さて、日本の宇宙ビジネスの市場規模は、どれくらいでしょうか。おおよそ1.2兆円規模といわれています。日本の宇宙ビジネスは、人工衛星の製造、地上設備、打上げに係る市場が3000億〜4000億円、衛星通信事業が8000億円規模となっています。この合計が約1.2兆円という計算です。人工衛星の製造、打上げに係る市場は、日本の宇宙に係る政府予算とほぼ同額です。衛星通信事業は、スカパーJSATなどの衛星通信・放送事業をイメージしていただけるとよいと思います。
　また、読者のなかには、その他にも測位衛星であるGPSなどの信号を受ける受信機、アンテナ、カーナビゲーションシステム、通信衛星の電波を送受信する通信機、アンテナなどの市場もあるのではないかと思われるかたも多いのではないでしょうか。この市場は、民生機器産業として分類され、約1.5兆円の市場規模があるといわれています。この民生機器産業を日本の宇宙ビジネスの市場規模に入れている場合と入れていない場合があります。

その他にも、衛星データを活用した市場もあるのではと考える読者もいるでしょう。衛星データを活用した市場は、リモートセンシング画像を政府が購入する市場であり、宇宙の政府予算のなかに含まれていると考えてよいでしょう。

また、小型衛星や小型ロケットなどの New Space に関する市場については、まだ大きな市場として形成されていないため、市場内には、見えてこない無視できる定量値であると認識していただければと思います。

ただし、世界の宇宙ビジネスの市場規模と比較する場合には、市場調査を公表している調査会社などで算出している範囲が各々異なる場合がありますので、留意が必要です。

圧倒的な官需の日本の宇宙ビジネス

日本の宇宙ビジネスのうち、人工衛星、ロケットなどの宇宙機の産業は、圧倒的に官需中心です。

日本の宇宙ビジネス全体でみても、年によって変動はありますが、80〜90％が官需で、残りの数％が民需であるというのが実情です。これには理由があります。先述したとおり、現在までの日本の宇宙ビジネスが、G2B ビジネス中心であるためです。日本では、人工衛星、地上設備やロケットは、政府が発注するものが大部分を占めているためです。

しかしながら、欧米の場合は日本と異なります。欧米の場合は、宇宙ビジネス全体のうち、官需は 40〜60％程度で、民需が 40％程度となっています。この理由は、日本と同様に人工衛星やロケットを政府が発注しているビジネス以外にも、民間ビジネスが市場を形成しているためです。

宇宙ビジネスの官需は、国の政策として重要インフラと位置づけられる宇宙インフラや、安全保障面で必要不可欠なものとして、リモートセンシング衛星や測位衛星、通信衛星などの人工衛星を整備するものであ

り、この政策は、半永久的に存在するでしょう。

　では、欧米では、民需が40％近くもあるのはなぜでしょうか。民間企業が民間ビジネスとしての事業経営を成立させていて、主にB2Bの市場が成立していることを意味します。世界では、衛星通信事業やリモートセンシング事業を民間企業が実施しているケースが多く、その人工衛星を民間企業である衛星メーカーが製造し、その人工衛星を民間企業であるロケット打上げ（ロンチサービス）企業が打上げ、その衛星データを活用してサービスを提供している市場が成立しています。もちろん、日本でもこの市場に参入していますが、世界に存在する強力な企業が受注競争を勝ち取ってしまっています。

　New Spaceの時代に突入し、ビジネスモデルやプレイヤーが多様化し、市場はグローバルになるのは確実です。日本の市場も民需の比率が増える時代が来るでしょう。

第3章 政策で民間企業を後押しする

　欧米では古くから、宇宙活動に関する法制度などが整備され、様々な政策が宇宙ビジネスを後押ししてきました。日本でも近年、同様の取組みが活性化してきています。本章では、最近の宇宙政策について紹介します。

民間の宇宙ビジネスを実施する上で重要な宇宙活動法

　近年日本では、宇宙活動に係る法制度が整備されつつあります。従来、日本の宇宙に関する活動は宇宙航空研究開発機構（JAXA）などの特定のプレイヤーのみが行うものであったため、宇宙航空研究開発機構法（JAXA法）にもとづいた事業が行われ、宇宙ビジネスを民間ビジネスとして実施するための法制度、ルールなどがありませんでした。一方、人工衛星で地球を観測するリモートセンシングビジネスも日本で盛んになってきており、この分野においても法制度、ルールなどの必要性が出てきました。例えば、人工衛星を用いたリモートセンシングでは他国の様々な情報を秘密裏に得ることができるため、テロや犯罪などに悪用されないよう、情報セキュリティーに関する管理基準や管理体制などを、リモートセンシングビジネスを実施する企業に政府が求めるものです。

　宇宙条約第6条においても、民間ビジネスとしての宇宙活動に対して、国の許可と継続的な監督が必要とされています。宇宙条約とは「月その他の天体を含む宇宙空間の探査及び利用における国家活動を律する原則に関する条約」で、宇宙空間の利用の自由、領有の禁止、平和利用などがうたわれた条約です。

　米国、欧州などの宇宙先進国は、既に宇宙活動に関する法制度を整備して活動してきましたが、宇宙技術で肩を並べる水準まで達した日本は、民間ビジネスとしての宇宙ビジネスに関する法制度などの整備で出

遅れています。

　日本では、宇宙基本法、宇宙基本計画、宇宙工程表、宇宙活動法が制定されています。宇宙基本法では、日本の宇宙開発利用に関わる基本方針が定められています。それにもとづいて実施される計画が宇宙基本計画と工程表です。

　日本の宇宙活動法2法の経緯を簡単に紹介すると、まず2015年4月に、宇宙法制小委員会にて宇宙活動法に関する検討が開始されました。2016年3月に、宇宙活動法（人工衛星等の打上げ及び人工衛星の管理に関する法律）とリモートセンシング法（衛星リモートセンシング記録の適正な取扱いの確保に関する法律）が第190回国会に提出され、2016年11月に制定されました。この2つの法律を宇宙活動法2法と呼んでいます。2017年11月に宇宙活動法の一部が施行され、2018年11月には、宇宙活動法が全面施行される予定です。

　宇宙活動法は、人工衛星などの打上げに係る許可制度、人工衛星の管理に係る許可制度、第三者賠償責任制度が盛り込まれています。

　人工衛星などを打上げる際に、飛行経路周辺の安全確保や宇宙諸条約の実施について事前に審査を行い、またロケットの設計や施設に対して認定制度を導入するものです。

　人工衛星の管理についても、宇宙諸条約の実施、有害物質やデブリなどによる汚染防止のための宇宙空間の適切な利用、再突入における安全確保などの事前審査を行います。

　第三者賠償制度は、地上で発生した第三者損害を無過失責任として打上げ実施者に責任を集中させること、打上げ事業者に保険の付保を義務づけること、カバーできない損害については政府保証とするなどです。

　宇宙活動法2法で要求されるこれらの諸活動においても、民間企業にとってはビジネスチャンスがあるでしょう。各許可制度には、相当の業務量と知識量が必要となります。許可申請に関する支援業務は必須となるでしょう。

リモートセンシング法は、人工衛星に搭載されたリモートセンシング機器の使用に関する許可制度の導入、リモートセンシングデータの保有者の認定やルールについての法律です。

人工衛星に搭載されたリモートセンシング機器の使用者は、不正使用防止措置、申請した受信設備以外での使用禁止、申請軌道以外での撮影禁止などがあります。

リモートセンシングの分野においても、情報セキュリティーのニーズが高まるでしょう。

米国政府が民間企業の月面商用利用を許認可

人工衛星やロケットを商用目的で打上げる場合は、自国で取り決めた宇宙活動のルールに準じて、手続きを実施し、その政府の許認可を受けなければならないのが一般的です。これは、宇宙条約第6条にもとづき整備されていて、人工衛星やロケットの製造、打上げに関する技術を有する国家はもちろんのこと、こうした技術を保有しない国家も同様のルールや法制度を整備していたりします。例えば、ロケットの打上げ場所を提供する国家などが存在するためです。

米国やフランスなどの宇宙先進国やノルウェー、南アフリカなどの非宇宙先進国を含む世界で10か国以上の国で宇宙活動法が制定されています。

宇宙活動法は、先述したように、自国での宇宙活動のルールを取り決めたもので、例えば、打上げ失敗による損害などを可能な限り排除するために、ロケットや人工衛星に一定の技術基準や安全基準を設けたり、打上げの際は損害賠償責任保険の加入などを義務付けたりするなど、責任を民間企業へ課しています。

米国では、米国連邦航空局（FAA）が、商用目的に打上げるロケットや人工衛星などの技術審査・安全審査を実施しており、その事業に対して許可を出しています。

これまでは、人工衛星やロケットに関して審査を実施するのが一般的でしたが、宇宙旅行機、惑星資源探査機、宇宙ステーション、惑星移住施設などの新しいタイプのハードウェアが登場するため、これらに関する審査基準も必須となるでしょう。

例えば、惑星資源探査事業という民間ビジネスに対して、FAAが世界で初めて許可を出したことがニュースになりました。2016年8月に許可を得たのは、米国Moon Express社の探査機です。過去には、月面に軟着陸した探査機として、1960年代〜70年代の世界初の月面着陸機である旧ソ連のルナ9号や米国のサーベイヤー計画、有人月面着陸機として世界初となる着陸を成し遂げたアポロ計画などが有名です。そのほかにも、世界には、欧米を中心に様々な探査機があります。映画化された日本の「はやぶさ」も惑星探査機に分類されるでしょう。これらは、政府もしくは国家の宇宙機関が技術開発や科学的探究を目的に打上げたもので、商用目的で開発されるものとは異なります。

この流れは日本も無関係ではなく、宇宙活動に係る法整備のなかで、月、惑星などの商用目的となる探査に対する規定は、必要になってくるでしょう。Google Lunar XPRIZEに挑戦したHAKUTOを先駆者として、日本でも他の企業が参入する可能性は十分にあります。そのほかにもビジネスモデルやプレイヤーが多様化すればするほど、この宇宙活動法に関する審査基準は多様化していくでしょう。

惑星資源探査事業の法整備を進める先駆国ルクセンブルクと米国

ルクセンブルクは、欧州にある人口59万人（2017年1月時点）、面積は2586 km^{2}と日本の面積の1％にも満たない小国です。そのルクセンブルクが、世界を代表する宇宙ビジネス国であることをご存知でしょうか。

1984年に政府の支援により衛星通信事業社SES社が設立されました。40機以上の静止衛星を静止軌道に配備し、グローバルに衛星通信事業を展開している世界を代表する衛星通信事業者です。2005年にルクセ

ンブルクは欧州宇宙機関（ESA）の加盟国となっています。

　そのような背景を有するルクセンブルクは、現在は惑星資源探査事業に注力しています。

　ルクセンブルクは、2017年7月、宇宙資源の探査と利用に関する法案を可決し、民間企業が宇宙で採掘した資源に関する権利を持つことができる法律を確立しました。これにより惑星資源探査事業に係る法律を制定した欧州最初の国となりました。2017年8月には施行が開始されました。

　それから、ルクセンブルクは、惑星資源探査事業に関して、民間企業と様々な連携を発表しています。例えば、ルクセンブルク政府とルクセンブルク国立開発金融公社は、米国 Planetary Resources 社、米国 Deep Space Industries 社の各社との間で協力に関する枠組みの覚書を締結しています。また、2017年10月、アラブ首長国連邦と宇宙資源の探査及び利用に重点を置いた2国間協力を開始する覚書を締結しています。

　また、米国でも惑星資源探査に向けた法整備の動きがあります。2015年11月、オバマ前大統領が署名した「H.R.2262：U.S. Commercial Space Launch Competitiveness Act」（商業宇宙打上競争力法）には、宇宙資源探査及びその利用に関する章が規定されました。これは、商業宇宙資源開発を認めた世界初の法律となりました。惑星の非生物資源の採取に商業的に従事している米国民に対して、米国が負う国際的な義務などに抵触せず、取得した資源についての占有、所有、輸送、利用及び販売を認めています。

　しかしながら、現在でも、惑星資源の所有権については、世界中で議論が継続されています。そもそも宇宙条約「月その他の天体を含む宇宙空間の探査及び利用における国家活動を律する原則に関する条約」の第2条では、月その他の天体を含む宇宙空間は、主権の主張、使用もしく

は占拠その他のいかなる手段によっても国家による取得の対象とはならない旨が規定されています。

しかしながら、国家の"天体"に関する所有権は禁じていますが、天体の"資源"に関する所有については、禁じていないなどの議論もあります。

筆者は、法律の専門家ではありませんので、この議論は他に譲るとして、いずれにせよ、惑星の資源、土地などの所有権に係る世界共通となる基準について今後、議論は深堀りされていくでしょう。

世界で行われている宇宙ビジネスの民間支援機能

宇宙ビジネスは、事業リスクが高く閉鎖的な市場といわれています。そのような市場に多くのプレイヤーが参入し活性化するよう、また、自社のビジネスに繋げようなど色々な思惑があるなか、資金面やリレーション構築面など様々な面で、政府、大企業、投資家などが支援する取組みを実施しています。

支援機能としては、まず、スタートアップを支援するAngel投資家による投資、VC（Venture Capital）による投資、CVC（Corporate Venture Capital）による投資が挙げられます。世界のベンチャー企業の多くは、これら投資家からの資金調達を成功させ、事業をスタートさせ、事業を運営しています。これらの資金をもとに売上が立つように準備を進めているのです。日本でも、アクセルスペース、ALE社、Space BD社など、多くのベンチャー企業が資金調達に成功しています。

世界には多くの宇宙ベンチャー企業が存在しますが、現在の国内外の宇宙ベンチャー企業としてのステージは、シード、アーリーなどの初期のステージが多く、Angel投資家による投資に頼っているのも実情です。

また、コンテストやレースによる賞金を授与する支援機能も存在しま

す。例えば、Google Lunar XPRIZE の月面レースに挑戦した日本の ispace 社が主導する HAKUTO プロジェクトはその代表例です。Google Lunar XPRIZE の賞金は高額です。また、2017年11月に開催された内閣府主催の S-Booster 2017 では、グランプリには賞金300万円が授与されています。コンテストやレースによる賞金で事業計画を立てる企業はないといってもよいかもしれませんが、個人や企業のモチベーションの形成、向上や、認知度向上、事業運営資金の一部充当などに充てるものと思われます。しかしながら、Google Lunar XPRIZE の月面レースの賞金は破格であったため、そうした規模の賞金は、今後の事業に大きな意味を持つでしょう。残念ながら、Google Lunar XPRIZE は、いずれのチームもミッションを達成できないまま終了してしまいました。

民間ビジネスの初期フェーズの研究開発に対する政府支援としては、米国国防高等研究計画局（DARPA）や米国 SBIR（Small Business Innovation Research）などの取組みが有名です。DARPA や SBIR から民間企業に対して資金提供が行われています。世界では、政府や政府機関から民間企業に対して資金提供が行われているのに対して、日本では、大学などの研究助成からスタートし、その成果が出れば民間企業へ移転する取組みが一般的で、長期間にわたってしまっているのが実情で、米国のような支援はみられないと思われます。

そのほかにも、米国航空宇宙局（NASA）では、NASA が取得した特許について3年間、米国のベンチャー企業に対して無償でライセンスを提供しています。その特許の分野は、「Aeronautics」、「Communications」、「Electrical/Electronics」、「Environment」、「Health, Medical, Biotechnology」、「IT, Software」、「Instrumentation」、「Manufacturing」、「Material, Coating」、「Mechanical, Fluid Systems」、「Optics」、「Power Generation and Storage」、「Propulsion」、「Robotics」、「Automation and Control」、「Sensors」の16分野からで、提供先は米国企業に限られるといいます。

3年間の無償ライセンス契約後、企業が製品化などにより得た利益は、NASAに対して、ロイヤルティーとして支払うスキームとなっています。このロイヤルティーをNASAは今後の研究開発などに役立てるといいます。この施策は、特許を提供する側、提供される側の両者でWin-Winの関係を構築できる可能性があります。日本でも日本企業のみに限定した特許無償提供の施策を官側もしくは大企業が実施し、中小企業、ベンチャー企業を巻きこんだ"ALL JAPAN"の体制で世界に対抗することができるかもしれません。

政府の開発、調達支援については、NASAのCOTS（Commercial Orbital Transportation Services）、CRS（Commercial Resupply Services）、CCP（Commercial Crew Program）が該当します。このプログラムは民間主導によって、政府資金により国際宇宙ステーション（ISS）への物資や乗員を輸送するものです。このプログラムが、SpaceX社が競争力を有した世界を代表する企業へのしあがった原動力となったといわれています。日本では、宇宙航空研究開発機構（JAXA）が、アストロスケールからデブリ除去のためのセンサ開発を受託したことなどもその例でしょう。また、日本では3つの人工衛星PFI事業が推進されています。国の重要な宇宙インフラの整備事業を民間企業が主導し、技術、リーガル、ファイナンスの観点で民間企業の成長を促している事業と理解すればこれは該当するでしょう。

教育による支援機能は、国際宇宙大学（ISU）、Singularity大学、フランスのToulouse Business SchoolのMBAによる宇宙ビジネス人材の育成などが挙げられます。ただし、日本では、宇宙技術に関する人材育成は航空宇宙工学系の学科などではみられますが、宇宙ビジネスに関する人材育成については、みられません。

大手企業との連携、買収も、ある種の支援機能といえるでしょう。Googleによる宇宙ベンチャー企業の買収などはその例でしょう。近年では日本においても同様の動きがみられます。

ネットワーキング支援としては、Space Angels Network、Space Foundation、Space Frontier Foundationなどが挙げられます。これらの団体は、ベンチャー企業とAngel投資家を結びつけたり、人材育成や産業の活性化を目的としたイベント運営を行っています。日本でも、S-Booster、S-NET、QBICなど様々な取組みがネットワーキングの機能を果たしているといえるでしょう。

宇宙産業ビジョン2030
　日本では、内閣府、宇宙政策委員会を中心に日本の宇宙政策について議論が活発に行われています。その1つである、宇宙産業ビジョン2030を紹介したいと思います。
　宇宙政策委員会宇宙産業振興小委員会（2017年5月12日）において、「宇宙産業ビジョン2030　第4次産業革命下の宇宙利用創造」が制定されました。この宇宙産業振興小委員会には、Old Space、New Spaceの宇宙ビジネスに関係する有識者に留まらず、"新しい風"を取り込むために宇宙ビジネス以外の業界の有識者、学識者も委員として任命されました。
　宇宙産業ビジョン2030では、宇宙利用産業、宇宙機器産業、海外展開、新たな宇宙ビジネスを見据えた環境整備の4つの視点から、課題とその解決方針が示されています。
　宇宙利用産業は、衛星データを活用するビジネスを総称した経済活動のことを意味します。衛星データとは、リモートセンシング衛星により撮像された地球の画像、通信衛星からの通信情報、準天頂衛星のような測位衛星からの測位信号などのことです。

Part 1　Old Space から New Space へ

　日本では、これまで人工衛星の技術開発に主眼を置いてきたため、開発された技術やその技術を活用した取組みを継承する意味でシリーズ化された人工衛星を整備することはありませんでした。その人工衛星のミッションを達成するために搭載された機器（ミッション機器という）は、後続機では搭載されなかったり、搭載されたとしても全く別のものや仕様が大幅に変更となってしまったり、衛星データの使い方の観点ではデータのフォーマットや種類も異なるものとなってしまったりしていました。これらは、衛星データを利用するユーザの視点に立てば、衛星データを処理、解析、保存などをする際に同一タイプのデータではないため、取扱いが困難であるという課題があります。このことを、宇宙ビジネスの業界では、「継続性」という用語で表現します。このため、衛星データを活用したビジネスが創出されにくい環境下にあったと考えられています。

　この点を課題と捉え、宇宙産業ビジョン2030では、宇宙利用産業として、衛星データの利用促進に向けた環境整備が解決方針としてうたわれています。海外では人工衛星のシリーズ化がなされ、衛星データの種類や保存など継続性が進められており、日本もこのような取組みを取り入れたい方針です。

　日本では、衛星データを主に海外のリモートセンシング企業から購入し、代理店が販売したり、その画像を解析、分析して、付加価値を付けて販売したりしていますが、多くは官需であり、大きな市場へと変革する兆しがなく、課題となっていました。そのため、宇宙産業ビジョン2030では、衛星データの利活用促進が解決方針として掲げられています。

　海外では、衛星データのリモートセンシング画像において、空間分解能の低いものなどは、オープンフリー政策として、無料で誰でも自由に利用できる環境が整っています。現在、SpaceKnow社やDescartes Labs社などの衛星データを利活用することでビジネスを展開する海外の宇宙ベンチャー企業は、このオープンフリー画像を利用し、ビジネス

に活用しています。日本でも近年経済産業省を中心に、衛星データのオープンフリー化、プラットフォーム化が進められています。

　衛星データ単独のビジネスには限界があるといわれています。そのため、地上に設置される様々なIoT（Internet of Things）から得られるデータ（天候、降雨量、風量、風向などの気象情報、河川情報、交通量、渋滞情報、波浪情報など）やAI（Artificial Intelligence）により導き出される分析結果、多種多量なデータ（ビッグデータ）の解析を衛星データに連動させて、省庁・自治体などと連携することで新しいビジネスの創出を図る取組みが進められています。

　また、日本の宇宙機器産業の課題は、海外顧客の獲得が期待値に達していない、海外製品に依存している、新規参入障壁が高い点などが挙げられます。宇宙機器産業とは、宇宙空間へと輸送もしくは投入される機器（人工衛星、ロケット及びそれらに搭載されるコンポーネント、部品、部材など）の製造、販売をビジネスとする経済活動のことです。

　宇宙産業ビジョン2030では、人工衛星の継続性の確保（シリーズ化）、QCD（Quality, Cost, Delivery）の観点で国際競争力をもった基幹ロケットH3の開発、部品・コンポーネントの技術戦略の推進、調達制度、技術開発支援の強化を掲げています。

　正直なところ、Old Spaceのなかには、日本の宇宙予算である約3000億円で日本の宇宙機器産業は安定しており、外需を確保しなくても困らない、という発想をもつプレイヤーも存在する点も留意する必要があります。

　海外製品に依存しているという点は、宇宙用についていえば、実に多くの部品や機器などが海外製品に依存しています。トランジスタ、抵抗、コンデンサ、論理回路ICなども海外企業のものを多く使用しています。また、FPGA（Field Programmable Gate Array）などの集積回路は、100％海外製品に依存しています。その他にも、電子機器を寡占している企業は、米国や欧州に集中している点も留意する必要があり

ます。

　QCDの点で、日本は特に"C"のコスト面で競争力が弱いと考えられます。先述したとおり、日本の宇宙予算は、宇宙先進国の宇宙予算に比べ格段の差があります。そのため、人工衛星の開発、製造機数やロケットの打上げ回数にも大きな差異がみられます。このように機会の数も違うため、どうしてもコスト面での競争力が欧米に比べれば劣ってしまいます。しかし、このあたりに日本の技術力を駆使して、コスト競争力を生み出せるのではないかと期待しています。つまりコスト削減に係る技術開発を実施するのです。

　筆者は、JAXA在職時に、信頼性、品質保証の業務に携わったことがあるため、微小なりとも設計変更や工程変更は、新規開発要素とみなされ、その変更が軌道上で予想し得ない不具合を招く可能性があり、慎重に変更の妥当性などを検討、評価する必要があることは十分承知しています。そのため、容易に変更したり、新しいものを取り入れたりするのは宇宙ビジネスにおいてはタブーです。

　しかしながら、宇宙ビジネスの未来のために誤解を恐れず提言すると、今後、このコスト削減策は宇宙ビジネスの発展、活性化に重要であり、この点に注力してもよいのではないかと考えています。

　例えば、宇宙用に耐えられる民生部品、民生部材を発掘したり、宇宙用部品として認定される部品や製造ラインにコストのクライテリアを設けたり、VE（Value Engineering）的な取組みを取り入れたり、人工衛星やロケットの製造工程、試験工程、審査工程などについて、常に効率化と改善を図る取組みを実施するなどが挙げられます。この施策は不具合が出る可能性がある、この施策は不具合が出ないなどの取組みに対する系統的な整理ができるとよいのではないでしょうか。筆者は、好き勝手に、また容易に述べていますが、この取組みによるコスト削減の実現まで、長期間を要し、失敗と成功を繰り返す多くの労力を覚悟しなければならないことは理解しています。例えば、宇宙旅行についていえば、宇宙旅行機の開発コスト、打上げ運営コスト、保険など様々なコス

トが累積されて、宇宙旅行費用が決まります。このコストが下がらなければ、宇宙旅行費用は下がらないのです。繰り返しになりますが、筆者は、宇宙ビジネスにおいてコスト削減に係る技術開発が重要と考えています。

　海外展開については、宇宙産業ビジョン2030では、海外顧客の獲得が期待値に達していないこと、国際協力、国際連携の強化などが課題として挙げられています。その解決方針として、機器、サービス、人材育成などを含めたパッケージ化輸出、海外宇宙機関や海外の宇宙関連の国際会議などとの連携強化が挙げられています。

　新たな宇宙ビジネスを見据えた環境整備では、新規参入者の低迷、NewSpaceに対応した法整備などが課題として挙げられています。
　宇宙ビジネスは、失敗が人命に影響を与える、もしくは物財に多大なる損害を与える可能性が他の事業よりも高く、事業組成や運営に要する費用も大きいのが一般的であるため、新規参入者が伸び悩んでいる業界でもあります。
　先述のように、日本では、Old SpaceとNew Spaceの民間ビジネスとしての自立と活性化を期待し、宇宙ビジネスに関するルール作りとして宇宙活動法、宇宙リモートセンシング法が整備され、2017年11月には宇宙活動法の一部が施行され、2018年11月に全面施行されます。宇宙活動法により、民間ビジネスは、今後さらに拡大を加速、そして多様化が期待されます。

日本の課題と成功に必要な条件

　ここまで読んでいただき、世界と日本の宇宙ビジネスは、どのようなものか、日本の宇宙ビジネスにはどのような課題があるか、なんとなくわかっていただけたのではないでしょうか。

　繰返しになりますが、日本は、人工衛星やロケットなどの宇宙開発の技術水準について、米国、欧州に肩を並べるまでになりました。しかし、世界の宇宙予算の額、ロケットの打上げ数などの実績を比較すると大きな違いがあります。そのようななか、日本国内では、暗黙のうちに「日本は米国、欧州に追い付け、追い越せ」という世論が少なからずあります。筆者自身も日本が宇宙ビジネスにおいて、技術面でも商業面でもトップクラスに属することを強く願っています。正直にいいますと、宇宙ビジネス以外の分野でも日本に常にトップの技術力とビジネス力をもってもらいたいと思っています。

　しかし、現状の状況から鑑みて、日本は、宇宙ビジネスにおいて、欧米と同様、同規模の市場を構築するのは、大変難しいと考えています。誤解を恐れず例えを出すと、全国チェーンの大手スーパーに、地域密着で展開し成功している地元スーパーが真向勝負を挑むのに似ています。普通は勝負を挑みません。

　しかしながら、宇宙ビジネスにおいて、別の視点で日本はトップになる可能性は、十分に存在すると考えています。つまり、上記のスーパーの例は2社とも成功し共存しています。市場は同じでありながら土俵が違うのです。

　NewSpaceという時代に突入し、世界では様々な取組みが報じられるなか、日本の宇宙ビジネスの時代も大きな転換期を迎えていますが、実際に何か大きく変わったことがあるでしょうか。1～2年前までは、日本の宇宙ビジネスにおいては、全く大きな動きはなく、筆者も他の執

筆において、「大きな動きはない」と申し上げたこと覚えています。

　しかしながら今現在、官公庁や宇宙機関、民間企業の多くが、大きく変わり始めている、変わろうと努力していると見受けられます。特に、民間企業のかたのマインドや姿勢に大きな変化を筆者は感じています。

　日本でも宇宙基本法、宇宙基本計画、宇宙工程表、さらには、宇宙活動法2法、宇宙産業ビジョン2030が制定され、官民が一体となってどのような取組みが必要か、もしくは、官が民をどのように支援したらよいか、民が独立採算事業として宇宙ビジネスを動かすために何が必要かなどが整備され始めてきました。

　スマートフォンが爆発的に普及し、IT、IoTの技術は社会には必要不可欠となり、AI、VR、ARなどの技術も今後ますます身近になるでしょう。しかし、宇宙ビジネスの分野においては、このような技術を取り入れることや、他の産業との連携がまだまだ不十分です。そのため、ビジネスやプレイヤーの多様性も今の時点ではまだまだです。

　このようななか、根底にある日本の宇宙ビジネスにおける課題を挙げると次のようになります。

- 民間企業の多くが、政府（もしくはJAXA）が"守ってくれる"、"守ってもらおう"と考えている
- いまだに技術オリエンティッドな産業である
- 宇宙ビジネスの市場自体が閉鎖的であり、新しいものを取り入れようとする気質がない
- 宇宙ビジネスの市場として米国、欧州と同様なやりかたで事業を展開しても不可能とわかりつつも、具体的に何をしたらよいかわからない

などが挙げられるのでないでしょうか。

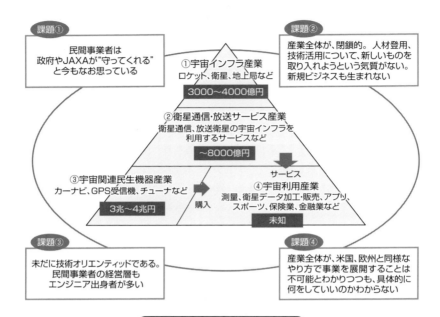

日本の宇宙ビジネスの課題

　それでは、具体的にどのような施策を実施すべきでしょうか。筆者は2つのアプローチを提案します。まず1つ目は、日本がもつ長所を伸ばして、様々な課題を乗り越える具体的なアイデアを抽出すること、2つ目は、日本の短所を克服して様々な課題を乗り越える具体的なアイデアを抽出することです。

　まず、日本の長所を伸ばして、様々な課題を乗り越える具体的なアイデアを抽出する点ですが、日本の長所は、①「品質の高さ、世界には真似できない技術力や信頼性、"枠内（プロジェクトチーム内、課内）"のチーム力の高さ、日本人のもつ緻密さ、精密さ、正確さ」、②「日本独特のユニークさ、おもてなし精神」、③「他の商品、サービス、アイデアを真似てパワーアップする能力」が挙げられます。

　課題を乗り越えるための具体的なアイデアとして、①に対しては、世界と同様もしくは世界以上の長所を有しているため、維持・向上するこ

とが重要です。人工衛星、ロケットの技術力が欧米に肩を並べる水準になったのも、宇宙先進国との間で、宇宙予算の規模やロケットの打上げ数の実績に大きな差異があったとしても、日本政府やJAXAが真向勝負したことがこの成果を生んでいると筆者は考えています。

日本においては、自動車産業、重工業産業、電気・ガス・水道・通信などのインフラ産業、不動産業などには、宇宙ビジネスにおいて大いに参考とすべきアイデアが含まれていると考えています。

②に対しては、これから宇宙ビジネスにおいてさらに取り入れるべきところとして、様々な視点から技術面、サービス面での付加価値化を図ることが重要です。価格が高くても、企業としての強みは何なのかを考え、顧客に選ばれる理由を考えることです。③に対しては、世界のロ

日本の長所を伸ばして、課題を乗り越えるアイデア

日本の長所	課題を乗り越えるための具体的なアイデア	参考とすべき日本の産業界
品質の高さ / 世界に真似できない技術力、信頼性 / "枠内"のチーム力の高さ / 日本人の持つ緻密さ、精密さ、正確さ	**さらに伸ばすべきところ・維持していくところ** ・現状日本は、世界と同等もしくは世界以上の長所を有しているため、維持・向上することが重要	・自動車産業 ・重工業産業 　-新幹線・電車など ・インフラ産業 　-電機・ガス・水道 　-通信など ・不動産など
日本独特のユニークさおもてなし精神	**これから宇宙ビジネスにさらに取り入れるべきところ** ・様々な視点から技術面、サービス面での付加価値化を図る ・価格が高くても、強みとは何かを考え、"選ばれるもの"を追究する	・サービス産業 　-アニメ産業 　-旅行産業 　-小売産業 ・家電業界など
他の商品、サービス、アイデアを真似てパワーアップする能力	・世界のロケット、衛星、宇宙利用ビジネスの動向を技術的視点、ビジネス的視点で常に詳細を把握し、戦える土俵はどこか、ニーズがあるところはどこか、などを常に考える	

ケット、人工衛星、宇宙利用ビジネスの動向を技術的な視点、ビジネス的な視点で常に詳細に把握し、戦える市場はどこか、ニーズはどこにあるのかを常に検討することが大事です。日本では、アニメ・旅行・小売りなどのサービス産業、家電産業において、このような課題解決策を取り入れる優良事例が多くあるため、宇宙ビジネスにおいても参考とすべきアイデアが大いにあると筆者は考えています。

次に、日本の短所を克服して、様々な課題を乗り越えるための具体的なアイデアを抽出する点ですが、日本の短所は、①「技術オリエンティッドな思考であり、ビジネスオリエンティッドでない思考である」、②「意思決定力の低さと事業のスピード感の遅さ」、③"枠外（社内の他事業部間、他社間、他産業間）"のチーム力の低さ」、④「まじめ・正直すぎる、ずる賢さの不足」、⑤「誰も発想しない斬新なアイデアを生みづらい」、⑥「お金に弱い（資金調達への苦手意識や大型資金の不慣れ）」、⑦「従来手法踏襲型に依存している」、などが挙げられます。

日本の短所を克服して、様々な課題を乗り越えるための具体的なアイデアですが、①に対しては、これから抜本的に改善すべきところと認識しています。技術をシーズで終わらせない、ニーズを追求するビジネス、民間事業者の経営層にエンジニア出身ではなく営業・経営企画出身者や社外の優良経営者を起用する策を採るなどがあります。Apple社の前CEOであるスティーブ・ジョブズ氏は、一切ニーズ調査などは実施しなかったという伝説があり、顧客に対して"ほしかったものはこれでしょう？"という視点で商品開発を実施したという有名な話がありますが、これはごく限られた別次元の話ですので参考になりません。しかし、例えば、日産自動車のカルロス・ゴーン氏、愛媛県に拠点をおくベンチャー企業のエイトワン大藪社長の経営は参考になるでしょう。

②に対しては、リスク回避型（ゼロリスク）からリスク管理型への転換、スピード感のあるIT出身者などの他業界出身者の起用や、IT分野でのアジャイル開発や他業界の手法などを取り入れることが重要です。タカラトミーのメイ社長の経営や、前USJのCMO森岡毅氏の経

日本の課題と成功に必要な条件

日本の短所を克服して、課題を乗り越えるアイデア

日本の短所	課題を乗り越えるための具体的なアイデア	参考とすべき事例
	これから抜本的に改善すべきところ	
技術オリエンティッドな思考、ビジネスオリエンティッドでない思考	・技術をシーズで終わらせない、ニーズを追求するビジネス ・民間事業者の経営層をエンジニア出身でなく営業・経営企画出身者などを起用する ・政府として技術開発や技術動向調査ではなく、ビジネス（実証含む）や市場（市場規模、動向ではなく、ニーズ、潜在ニーズ）調査を推進	・日産カルロス・ゴーン社長の経営 ・エイトワン大藪社長の経営など
意思決定力の低さと事業のスピード感の遅さ	・リスク回避型（ゼロリスク）からリスク管理型への転換 ・スピード感があるIT企業出身者などの他業界者の起用やIT分野でのアジャイル開発や他業界の手法を取り入れる	・タカラトミーメイ社長の経営 ・USJ森岡CMO（P&G出身）の経営
枠外（社内他事業部間、他社間、他産業間）のチームワーク力の低さ	・従来の宇宙ビジネスは、"老舗企業"で事業を展開できたが、ビジネスの多様化により他との連携が不可欠。閉鎖感を撤廃する ・様々な企業間でのネットワークを強化	・docomoとロイヤリティマーケティング（ポンタ）の連携 ・ハウステンボス、H.I.S.連携（「ロボットホテル」）など
まじめ・正直すぎる、ずる賢さの不足	・世界との交渉力の強化（"カネ儲け"に貪欲になる） ・新日国で経済発展著しい国（主に東南アジアなど）への営業。 ※経済国の象徴である衛星保有国の仲間入りに対する願望 ・情報開示戦略（開示情報、非開示情報の明確な把握）	・Teslaの小型EV車、バングラディシュ展開など
誰も発想しない斬新なアイデアを生みづらい	・オープンイノベーションの推進強化（様々な業界、技術、アイデアを組み合せることで、革新的で新しい価値を生み出す施策）	・P&Gの「Pringles Prints」など
お金に弱い（資金調達への苦手意識や大型資金の不慣れ）	・大型資金調達に対する慣れ（まずは官民連携事業の有効活用） ・ファイナンス、保険などの金融業界との連携	・内閣府準天頂衛星、防衛省Xバンド衛星のPFI事業など
従来手法踏襲型に依存	・従来からのプロジェクト管理、開発の手法への"こだわり"を撤廃し、古い殻から脱却する ・義理と人情にもとづく、経営層の登用の撤廃 ・他業界との人材交流、様々な連携など	・西川ふとん西川社長経営 ・日本交通川鍋社長の経営

営は非常に素晴らしいものです。

　③に対しては、従来の宇宙ビジネスは、"老舗企業"で事業展開できましたが、ビジネスの多様化により他との連携が必要不可欠であるため、閉鎖感を撤廃する必要があります。また大企業も中小企業、ベンチャー企業など経営規模を問わず、様々な企業とのネットワークを強化する必要があります。現在、様々な企業連携がありますが、docomoとロイヤリティマーケティングのポンタカードの連携、ハウステンボスとH.I.S.との連携なども参考になるでしょう。

　④に対しては、世界との交渉力を強化する、親日派で経済発展著しい国への営業などが挙げられます。経済発展している国は、人工衛星保有国として仲間入りしたいという願望が少なからずあります。開示情報、非開示情報を明確に把握する情報開示戦略も重要です。親日国であるバングラデシュで事業を展開するTesla社は参考になるでしょう。

　⑤に対しては、オープンイノベーションの推進強化などです。最近は日本でもノーベル賞受賞者の数が増えてきましたが、日本人の特質として、斬新なアイデアを生むことは世界の先進国に比べると得意ではない印象があります。様々な業界の様々な技術、アイデアなどを組み合せることで、革新的で新しい価値を生み出す施策が必要です。

　⑥に対しては、大型の資金調達に対する実績づくりと慣れ、ファイナンス、保険などの金融業界との連携が必要と考えています。日本では、3つの人工衛星のPFI事業が走っていますが、これは民間企業が大型の資金調達を自身で実施しているよい例です。このような取組みをまず官民連携事業から進めるのも1つの策でしょう。

　⑦に対しては、従来からのプロジェクト管理、開発手法などへのこだわりを撤廃し、古い殻から脱却すること、義理と人情にもとづく経営やプロジェクト管理、人材登用を撤廃すること、他業界との人材交流、様々な連携などが挙げられます。日本の伝統工芸、伝統技術を継承する企業にはこのような取組みを実施することで、生き残った企業が多く存在します。

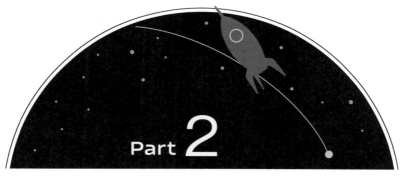

Part 2
宇宙ビジネス第三の波

第4章 NewSpaceを動かすプレイヤーたち

　「第三の波」と聞くと、多くの人が米国の未来学者アルビン・トフラーの著書を思い浮かべると思います。トフラーは、これまでに世界は大きな変革の波を経験してきており、第一の波は、人類が初めて農耕をスタートさせた新石器時代の農業革命、第二の波は、イギリスの18世紀の蒸気機関などの発明により工業化が著しく発展した産業革命、そして、第三の波は、通信技術の発展、インターネットの普及などの情報化社会による情報革命であるとうたっています。

　この用語を活用し、筆者の独断と偏見で、宇宙ビジネスについても類似の変革を経験してきたとし、タイトルを第三の波としました。宇宙ビジネスの第一の波は、第2次世界大戦における技術開発を活用し人工衛星やロケットの打上げが活発化し、米国と旧ソ連の間で開発競争が起きた時代であり、第二の波は、宇宙ステーションに代表される国際協調と有人宇宙開発の時代としました。そして、宇宙ビジネス第三の波は、このNewSpaceと呼ばれる時代です。多くの産業の民間企業が参入することで、従来の宇宙ビジネスに"新しい風"が吹き、コスト削減策が生み出されたり、ビジネスモデルやプレイヤーが多様化したりする時代と定義しています。

　宇宙ビジネスは大きな変革期を迎えようとしていることは間違いありません。大企業、中小企業、ベンチャー企業を問わず、宇宙企業、非宇宙企業を問わず、多くの企業が、NewSpace時代の宇宙ビジネスに魅力を感じ、少しでも行動してもらえたら幸いです。

ITジャイアント出身者を中心とした海外ベンチャー企業の台頭

　海外には、老舗企業を圧倒するベンチャー企業が台頭してきています。そのベンチャー企業の多くは、世界のIT産業をリードするITジャイアントと呼ばれる企業のCEOや出身者が中心となって取り組んで

第4章　New Spaceを動かすプレイヤーたち

いることも特徴です。ITジャイアント出身者の宇宙ベンチャー企業を紹介します。

　イーロン・マスク氏は、SpaceX社というロケットのロンチ（打上げ）サービスを提供する企業のCEOです。ロケットのロンチサービスは、人工衛星の重量などに依存し、数トンの重量を有する人工衛星であれば、100億円程度の打上げ費用が相場です。SpaceX社は、その価格の半分程度まで価格破壊を起こしているといわれており、老舗企業を圧倒しています。イーロン・マスク氏は、PayPalの創業者であり、電気自動車ベンチャーのTesla社や再生可能エネルギーベンチャーSolarCity社のCEOでもあります。次世代輸送システム「ハイパーループ」と呼ばれる、真空チューブ内の中空を時速1200kmで走行するアイデアを発案した人物でもあります。ちなみに、ハイパーループは、ディルク・アールボーンCEO率いるハイパーループ・トランスポーテーション・テクノロジーズ社により、計画されています。

　Blue Origin社をご存知でしょうか。宇宙旅行やロケットロンチサービスを計画する宇宙ベンチャー企業です。そのCEOは、ジェフ・ベゾス氏で、EC（Electronic Commerce）サイトで事業を展開する世界的に有名な企業であるAmazon社のCEOでもあります。Amazonのビジネスモデルは、"ロングテール"と呼ばれ、売れ筋の商品ではなく、売れ筋ではない商品を幅広く揃えることで、売上を確保しています。注文した翌日には自宅に届くロジスティクスを開発し、実施した企業としても有名です。

　Stratolaunch Systems社という宇宙ベンチャー企業があります。航空機からロケットを空中発射するロンチサービスを実施するベンチャー企業です。この企業のCEOは、Microsoft社の元CEOポール・アレン氏です。ポール・アレン氏は、ビル・ゲイツ氏と共にMircoSoft社を創業した人物として有名です。

　Google社の元CEOであり、Google社及び関連企業の持ち株会社の

Part2　宇宙ビジネス第三の波

海外宇宙ベンチャー企業

ビジネス分野	企業名
ロケット	SpaceX
	Blue Origin
	Stratolaunch Systems
	Escape Dynamics（中断）
小型ロケット	Rocket Lab
	Vector Space Systems
小型衛星	OneWeb
	SpaceX
	Space Flight
	Surrey Satellite Technology Ltd
	DMCii
	General Atomics
	SpaceVR
	Loft Orbital Solutions
宇宙旅行	Virgin Galactic
	Reaction Engines
	Bigelow Aerospace
	Space Adventures
小型惑星資源開発	Deep Space Industries
	Planetary Resources
火星探索	Inspiration Mars
	Mars One
月面探索	Moon Express
	Astrobotic Technologies
通信	Kymeta
	Blockstream
衛星データ活用サービス事業	Planet
	OmniEarth
	Dauria Aerospace
	Spire
	Alba Orbital
	UrtheCast
	Orbit Logic
	Descartes Labs
	Ursa Space Systems
気象	GeoMetWatch
	GeoOptics
	PlanetIQ
ISS利用	NanoRacks
	UrtheCast
その他 （宇宙葬・宇宙エレベータなど）	Final Frontier Design
	Paragon Space Development
	Elysium Space
	Tethers Unlimited
	Thoth Technology
	GomSpace
	Made in Space

その他多数

イーロン・マスク
・PayPal
・Tesla
・SolarCity

ジェフ・ベゾス
・Amazon

ポール・アレン
・Microsoft

エリック・シュミット
・Google

ラリー・ペイジ
・Google

Alphabet社の前会長でもあるエリック・シュミット氏や、Google創業者であるラリー・ペイジ氏は、Planetary Resources社を支援しています。

なぜ、IT企業で大成功を収めた彼らが、次なるステージとして宇宙を目指しているのでしょうか。

正直なところ、筆者は明確な答えを知りません。夢や希望という目標だけで動いているとも思えませんし、何らかの事業性を見出しているのでしょう。いずれにせよ、具体的な理由を語ることができるのは、本人たちだけかもしれません。

しかしながら、IT企業で用いられている開発手法の導入、資金調達力、意思決定力などを強みとして、従来のOld Spaceの宇宙ビジネスにはみることができなかった"新しい風"をどんどん吹かせていることは事実です。

実は宇宙ビジネス出身者が多くない日本のベンチャー企業

日本には宇宙ベンチャー企業が何社存在し、各社がどのようなビジネスを実施しているかご存知でしょうか。

日本では、小型ロケット、宇宙旅行機、月面探査(月面レース)、小型衛星、地上システム、宇宙×海洋、宇宙×農業、エンターテインメント、GNSS(Global Navigation Satellite System)、商社が存在します。

小型ロケットのベンチャー企業としては、北海道大樹町に拠点を置くファウンダーの堀江貴文氏、CEOの稲川貴大氏率いるインターステラテクノロジズ社が有名です。その他にも、CAMUIロケットの開発を手掛ける植松電気(CEO植松努氏)、マイクロ波によるロケットの開発及び事業展開を計画するLightflyer社(CEO柿沼薫氏)などが存在します。

ロケット以外では、宇宙旅行機の開発を手掛けるPDエアロスペース

日本の宇宙ベンチャー企業

ビジネス分野	企業名	企業概要	CEO
小型ロケット開発	インターステラテクノロジズ	堀江貴文氏率いる小型ロケットの開発及びロンチサービスを計画するベンチャー企業	稲川貴大氏
	Lightflyer	マイクロ波ロケットを開発中のベンチャー企業	柿沼薫氏
	植松電気	CAMUIロケットの開発及びロンチサービスを計画する企業	植松努氏
宇宙機	PDエアロスペース	ハイブリッドエンジン搭載の宇宙旅行機を手掛けるベンチャー企業	緒川修治氏
月面探査	ispace (HAKUTO)	Google Lunar XPRIZEの月面レースに挑戦した企業	袴田武史氏
小型衛星	アクセルスペース	小型衛星50機を打上げるAxel Globe構想を計画する企業	中村友哉氏
	アストロスケール	スペースデブリ除去サービスを計画する企業。シンガポールに本社を、日本にはR&D拠点、英国に子会社をかまえる	岡田光信氏
	ALE	人工流れ星ビジネスを計画する企業	岡島礼奈氏
宇宙×海洋×ICT	ウミトロン	衛星データ、IoTなどを駆使して、養殖業などの事業を展開する企業	藤原謙氏
宇宙×農業×ICT	ビジョンテック	リモートセンシング画像などを活用し、地上での農作物に関する課題を解決する企業	原政直氏
	ファームシップ	宇宙での農作物育成に関する事業を計画する企業	北島正裕氏 安田瑞希氏
エンターテインメント	スペースエンターテインメントラボラトリー	宇宙を活用し、エンターテインメント事業を展開する企業。アウディのCMが有名	金田政太氏
地上システム	インフォステラ	地上システムの時間貸し事業を実施する企業	倉原直美氏
GNSS	マゼランシステムズジャパン	測位受信機市場に新しい風を吹き込む企業	岸本信弘氏
商社	Space BD	ロケットと小型・超小型衛星のマッチング機能に加え、打上げに関わるインターフェース調整などアウトソーシング機能を備えた一貫型打上げサービス	永崎将利氏

（CEO緒川修治氏）、月面レースに挑んだispace社（CEO袴田武史氏）があります。

　小型衛星では、デブリ除去事業を計画するアストロスケール（CEO岡田光信氏）、50機の小型衛星を打上げるAxel Globeを計画するアクセルスペース（CEO中村友哉氏）、人工流れ星プロジェクトのALE社

第4章　New Spaceを動かすプレイヤーたち

(CEO 岡島礼奈氏)があります。

その他、地上システムを手掛けるインフォステラ(CEO 倉原直美氏)、衛星データなどを活用した養殖を手掛ける宇宙×海洋×ICTのウミトロン(CEO 藤原謙氏)、衛星画像を活用し、農作物に付加価値を与える宇宙×農業×ICTのビジョンテック(CEO 原政直氏)、ファームシップ(CEO 北島正裕氏、安田瑞希氏)、宇宙空間の演出やデータセンシングを手掛けるスペースエンターテインメントラボラトリー(CEO 金田政太氏)、GNSS受信機のマゼランシステムズジャパン(CEO 岸本信弘氏)、宇宙商社であるSpace BD社(CEO 永崎将利氏)などがあります。

彼らの強みの共通点としては、ビジネスに対してバイタリティーに溢れること、自社の製品・サービスのアピール力が優れていること、マーケティング力が優れていること、意思決定の的確さやスピードに優れていることなどでしょう。

彼らの多くは、ベンチャー設立前に宇宙技術に係る研究開発に携わったり、老舗企業で宇宙ビジネスに従事していたりといった経験はないのです。大学で宇宙工学を専攻した人物としては、アクセルスペース社の中村友哉氏やispace社の袴田武史氏が、宇宙ビジネス出身者としては、ビジョンテックの原政直氏がいます。

従来、宇宙技術に係る研究開発や宇宙ビジネスに携わる人材は、航空宇宙工学や電気電子工学系、機械工学系などで学歴の高いエンジニアが中心でした。いま現在は、そのような時代は終焉を迎え、過去に宇宙に係る研究開発や宇宙ビジネスに携わらなくとも、マーケティング力、アイデア力、意思決定力などの強みを活かした人材がビジネスを主導することも重要です。

多様化する宇宙ビジネスの市場

従来の日本の宇宙ビジネスは、ロケットや人工衛星などに係る技術開

発やインフラの整備を宇宙予算から国家プロジェクトとして、少数の宇宙企業へ発注するというG2B（Government to Business）のビジネスであり、官需中心でした。つまり、民間企業は、政府を顧客としてビジネスを行っていたのです。政府が発注する事業を確実に受注するために、民間企業は、提案書や提案金額に注力する、そして受注後には、政府が要求する技術を適切に開発し、履行し、納期に間に合わせるというビジネスです。そのため、民間企業の強みなどをアピールするのは、政府に対してだけでよく、その"閉じた領域だけ"のビジネスに留まっていたのです。

しかし、今日では、対政府のビジネスのみならず、対企業、対消費者へのビジネスが宇宙ビジネスでも生み出され始め、その企業や消費者などの顧客に対して、自社の強みなどをアピールする必要が出てきたのです。

そうなれば、ビジネスモデルとプレイヤーは必然的に多様化していきます。いいかたを変えれば、宇宙ビジネスも他の業界でみられるような市場になってきたということです。

大企業連合、大企業からベンチャー企業への出資、買収

繰返しになりますが、従来の日本の宇宙ビジネスは、技術開発やインフラの整備を国家プロジェクトとして、少数の宇宙企業へ発注するというG2Bのビジネスであり、官需中心でした。その技術開発は、欧米に肩を並べる水準に達し、大きなブレイクスルーを必要とするものも少なくなり、現在は、日本の安全保障や国際貢献などを目的としたインフラ整備としての国家プロジェクトが大きな割合を占めてきています。

そのような潮流が影響しているのか定かではないですが、民間ビジネスとして他の業界でみられるビジネスモデルが、New Spaceの宇宙ビジネスでもみられるようになってきました。

グローバル測位サービス（Global Positioning Augmentation

第4章　New Spaceを動かすプレイヤーたち

Service Corporation）は、日立造船、日本政策投資銀行、デンソー、日立オートモティブシステムズ、日本無線といった大企業の出資により設立された企業です。

グローバル測位サービスは、MADOCA（"Multi-GNSS Advanced Demonstration tool for Orbit and Clock Analysis"の略で、JAXAが開発を進める精密衛星軌道・クロック推定技術によるソフトウェアのこと）の技術を活用して、自動車、建機、農機の自動運転、海洋および気象観測などの分野でグローバルな高精度測位環境を提供する事業を展開します。

Sapcorda Services社は、Bosch、Geo++、三菱電機、u-bloxの4社により設立された企業です。GNSSによる高精度測位サービスの提供をグローバルに展開することを目的しています。

新世代小型ロケット開発企画は、キヤノン電子、IHIエアロスペース、清水建設、日本政策投資銀行により設立されました。小型衛星の打上げ需要の獲得を目指した商業宇宙輸送サービスの事業を展開することを目的としています。

これらは、コーポレートレベルでの事業化、大企業の連合による参入障壁を形成したビジネスモデルです。技術、マーケティング、資金など各社が有する強みを融合させ、さらなる強みを発揮し、他社の参入を許さないビジネスモデルです。

リスク回避による分社化

従来から宇宙ビジネスにおいて、分社化するという取組みを実施している企業はほとんど存在していませんが、2017年3月、米国Virgin Galactic社は、小型衛星打上サービスを行う新会社を分社化しました。その企業名は、「Virgin Orbit」です。これにより、Virgin Groupは、宇宙観光事業を手掛けるVirgin Galactic社、小型衛星のロンチサービスを手掛けるVirgin Orbit社、さらに、この2社の宇宙船や小型衛星

打上げ用のロケットを開発する The Spaceship Company 社の3社から構成されることになります。

　分社化するとどのようなメリットがあるのでしょうか。

　分社化すると企業規模が小さくなります。企業規模が小さくなることによって、経営判断などの意思決定のスピードが上がり、ビジネスの効率化が図られる効果があります。また、別会社になることで、必要とする人材を採用する人事権をもてること、個別の賃金体系を採用できること、人件費を削減できることなどがあります。もう1つ大きなメリットがあります。宇宙ビジネスは、一般的に事業リスクが高いといわれています。開発・製造コストが高いため、失敗による損失が大きい、ロケットの打上げ失敗などにより第三者へ損害を与えてしまう、などのリスクがあります。分社化することで、その企業だけに倒産や第三者損害賠償などの事業リスクを限定することができ、大企業からリスクを分離、分散することができます。

　Virgin Galactic 社は、過去に SpaceShipTwo が空中分解する事故が発生してしまいました。その事故では死者も出てしまい、長期にわたり計画がストップしてしまいました。この分社化は、他の事業までストップしないよう、事業リスクを分散させていると筆者は理解しています。今後、このような動きも世界の宇宙ビジネスにおいて多くみられるようになると考えています。

実は昔からあったクラウドファンディングによる資金調達

　クラウドファンディングとは、起業家やクリエーターなどが技術開発、商品開発、サービス開発などを目的に一般のかた（crowd）から資金調達（funding）することです。

　クラウドファンディングは、最近、様々な業界のベンチャー企業が資金を調達するためにインターネット上でサイトを立ち上げているのをよく目にするかと思います。誰でもクレジットカードや銀行振り込みなどを利用すれば資金提供することができます。

第4章　New Spaceを動かすプレイヤーたち

　クラウドファンディングというと、インターネット上のサイトを利用したものを想像するかたも多いと思いますが、実はこのような取組みは、従来から存在しています。
　米国航空宇宙局（NASA）と欧州宇宙機関（ESA）により1978年に打上げられた探査機ISEE-3に対して、継続運用を目的としたシステムの再構築のためにクラウドファンディングが実施されています。
　また、南アフリカのケープタウンにある非営利団体「宇宙開発財団」（Foundation for Space Development）がアフリカ初の月探査機を打上げる計画「Africa2Moon Mission」もクラウドファンディングで実施したことで有名です。
　日本でも、インターステラテクノロジズや筑波大学のITF-2という超小型衛星プロジェクト「結」などでみられます。募集期間、募集金額、用途をホームページに掲載し、一般のかたから賛同が得られれば、インターネット経由でクレジットカード決済にて資金調達する方法を採用しています。
　宇宙ビジネスは、ハイコスト、ハイリスクのものが一般的です。そのため、大学の研究やスタートアップ、アーリーステージなどの初期フェーズのベンチャー企業などがクラウドファンディングを活用することで、資金調達を容易にし、資金面での課題を払拭することができます。

New Space時代に求められる人材、職種とは

　従来から続くOld Spaceの時代では、宇宙ビジネスにおいて必要とされてきた人材や職種は、どのようなものでしょうか。
　繰返しになりますが、従来から今日まで続いている宇宙ビジネスは、宇宙技術開発がメインのG2Bが主流のモデルです。その多くは、宇宙技術開発を担うエンジニアが中心でした。第一線で活躍するエンジニアは、大学及び大学院を卒業した航空宇宙工学をはじめ、電気電子工学、機械工学などの理工学系の高学歴者で構成されているのが一般的です。また、企業には、モノを売るための職種である営業職が必要です。宇宙

ビジネスに係る事業部もしくは課に営業担当者が配置され、業務に携わっています。現在もこの構造は、存在しています。

　NewSpaceの時代になり、必要とされる人材や職種は変わりつつあります。この変化は、従来のG2Bのビジネスのみならず、B2BやB2Cのビジネスが出始めたことによる、ビジネスモデルとプレイヤーの多様化に起因しています。
　また、日本で制定され施行が開始する宇宙活動法2法に関しても、法律そのものがもたらすビジネスに対して、必要とされる人材も増えてくるでしょう。
　具体的に例を示してみたいと思います。宇宙活動法2法は、「人工衛星等の打上げ及び人工衛星の管理に関する法律」と「衛星リモートセンシング記録の適正な取扱いの確保に関する法律」です。
　「人工衛星等の打上げ及び人工衛星の管理に関する法律」に関していえば、人工衛星などの打上げについて許可制とされ、ロケットの型式設計、打上げ施設の基準への適合性について事前認定制度が設けられています。これは、専門的な知識が必要となるケースがあり、許可申請に係る手続きに対する支援業務や、専門的な知見を求めるコンサルティング業務に対するニーズが今後増えていくと考えています。
　さらに第三者損害賠償制度について、保険の付保が義務づけられます。保険会社では、宇宙ビジネスに対する保険業務を担当できる人材がますます必要とされるでしょう。
　「衛星リモートセンシング記録の適正な取扱いの確保に関する法律」については、リモートセンシング記録(リモートセンシング画像)についての取扱いやセキュリティーに関する規定が盛り込まれています。セキュリティーシステムの構築や体制などのニーズが増えることが予想されるため、この分野の業務のニーズはますます増えていくことでしょう。
　宇宙活動法についていえることですが、これらの解釈、打上げ実施者

と打上げ依頼者との間の契約事項の協議、調整などについて、弁護士や企業の法務業務のニーズも高まることが予想されます。

　宇宙ビジネスの分野で、コーポレートレベルのビジネスモデルがみられ始めています。例えば買収などです。これらのビジネススキームは、プロジェクトファイナンスで実施されることが多くなります。プロジェクトファイナンスとは、自社企業とは分離した特別目的会社SPC（Special Purpose Company）を構成する企業により出資することで設立し、SPCがそのプロジェクトを事業として実施するもので、銀行はSPCに対して、そのプロジェクトの内容などを評価して融資します。自社企業の信用力は関係なく融資を受けられる点、自社企業の事業とは完全に分離できる点に特徴があります。
　日本政府が実施する準天頂衛星、気象衛星ひまわり、Xバンド衛星はPFI事業として実施しており、PFI事業はプロジェクトファイナンスで行われているのが一般的です。数百億円から1000億円を超える規模のプロジェクトを民間企業が銀行より融資を受けて実施していく事業ともいえ、プロジェクトマネジメント、企業統制、ファイナンス、法律、財務などの知識が問われます。上記は、あくまでも一例を示しましたが、今後このビジネススキームは、民間による宇宙ビジネスのシーンで多くみられることが予想されます。

　従来から宇宙ビジネスのプロジェクトは数年単位が一般的で、中には10年を超えるものもあります。しかし、そのプロジェクトの時間スケールはもっともっと短くなり、他の業界と同程度の時間感覚へと収束するでしょう。
　そのほか、リース事業も盛んになると筆者は考えています。製品を製造する設備や他の業界と同じように必要とするものなど、リース品の種類は、今後増えていくと考えています。
　現在、大型の通信衛星に搭載されているトランスポンダをリースする

ビジネスモデルがありますが、このビジネスモデルは、小型衛星にも適用される時代が来るかもしれません。ファイナンスリースやオペレーティングリースに関する知見や実績を有する企業は、ニーズが高まるでしょう。

　マーケティングも必要不可欠になるでしょう。営業職ではなく、マーケティング職です。営業は、モノやサービスを売る職業です。マーケティングは、モノやサービスを売れる仕組みを作る職業です。NewSpaceの時代では、B2B、B2Cのビジネスモデルが登場しているため、顧客のターゲッティング、価格設定、販路、モノ・サービスの強み弱み、PRなどの実務を実施できる人材が必要とされるでしょう。

　また、今以上に自社の製品やサービスなどをアピールすることが重要になってきます。顧客に自社製品やサービスの良いところを知ってもらう、ブランドイメージを植え付けるなどして、"目立つ"必要があります。SNSを活用したり、イベントを開催したり、テレビ、雑誌などメディアへの露出を増やしたりなど様々な取組みがどんどん増えるでしょう。他の業界でみられるメディア露出のようなものが、ようやく宇宙ビジネスでもみられ始めてきています。メディア出身者、広報の実務者の必要性もどんどん増えていくと思います。

　さきほど、従来の宇宙ビジネスの人材は、エンジニアが多く、大卒、大学院卒の高学歴者で占められているのが一般的と申し上げました。この構造は、おそらく今後も崩れることはないと思います。しかしながら、宇宙ビジネスは、誰でも気軽に取り組める試みもみられ始めています。それは宇宙バイトです。JAXAやPDエアロスペース、スペースシフトなどが、実験や研究のサポートのためにアルバイトを募っています。宇宙に興味のあるかたであれば誰でも応募可能です。

　「単なるアルバイトでしょ？　別に驚くべきことは何もないのではな

第4章 New Spaceを動かすプレイヤーたち

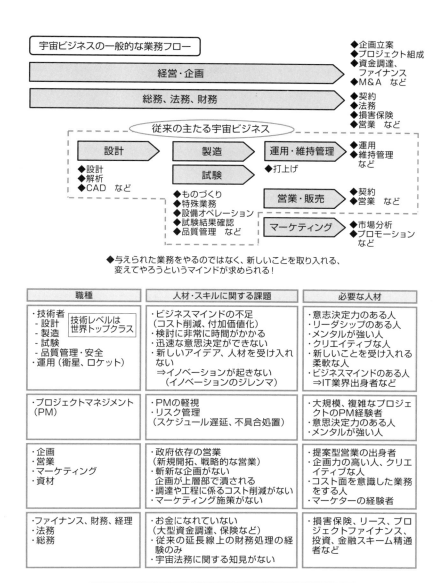

宇宙ビジネスにおいて必要とされる人材と職務

いか」、と読者のなかには思う人もいるでしょう。しかしながら、筆者は、宇宙バイトは、従来の枠を取り払った、誰でも宇宙ビジネスに気軽に接触できる新しい取組みとみています。例えば、「人工衛星ってこんな感じで作られているんだ」、とか、「いまロケットで打上げられた人工衛星って私がバイトしたときの人工衛星だ！」など、喜びも倍増します。学生、主婦、定年後の人材など、さらにこのような機会が増えるとよいと考えています。

このように、New Spaceの時代には、多種多様な人材、職種が必要となる世界が来ると予想できます。

第 5 章 NewSpaceのビジネスは始まっている

　この章では、現在までにみられるNewSpaceの宇宙ビジネスの最新動向を紹介します。

　宇宙は不思議なもので、いつの時代でも夢と希望を与えてくれるフィールドです。筆者が幼かった頃にブラウン管に映し出された米国のスペースシャトルは、とても"かっこよく"、あこがれたものです。

　今、NewSpaceという時代に突入し、Old Spaceの時代とは異なる宇宙ビジネスが創出されてきました。現代の子供たちは、宇宙についてどのようなイメージをもっているのでしょうか。筆者には、わかりませんが、現代の子供たちにも、民間企業の取組みの多くが"かっこよく"映っている、映っていてほしいと思っています。

　以降では、筆者が日経xTECH(旧日経テクノロジーオンライン)で毎月執筆している内容にもとづき、従来にはみられなかった宇宙ビジネスの斬新な取組みを紹介します。

5.1　斬新なアイデアが導くロケットビジネス

大型ロケットのコスト削減策

　現在の主力ロケットの打上げ費用は100億円程度が相場です。この費用がもっと下がれば、宇宙ビジネスは大きく変わるでしょう。その費用を下げるために、大型ロケットの分野ではコスト削減策が実施されています。

　世界でみられる大型ロケットのコスト削減策で共通することは、第1段部分の再利用です。この取組みは、ベンチャー企業と老舗企業で方向性が異なります。

　ベンチャー企業であるSpaceX社の場合、コスト削減策は、Falcon 9ロケットを打上げた後、第1段部分を地上に垂直着陸させ、帰還させ

る方法です。現在までに数多くの垂直着陸による回収に成功しています。今後、SpaceX 社は、超大型ロケットである Falcon Heavy や次世代ロケットの BRF にも同様の施策を施すことでしょう。

　Blue Origin 社のロケットのコスト削減策も、SpaceX 社と同様な方法です。現在、Blue Origin 社は、New Glenn ロケットなどを計画しており、同様のコスト削減策を導入するでしょう。

　その他にも、ロケットは、人工衛星とは異なり、宇宙空間に長期に滞在するわけではないため、宇宙用部品ではなく、民生用部品を積極的に活用することにより、コスト削減を図っているという情報もあります。

　老舗企業である、Lockheed Martin 社と Boeing 社の合弁会社である ULA（United Launch Alliance）社と Airbus Defense and Space 社の取組みは、次のとおりです。ULA 社は、Vulcan ロケットに対して第 1 段部分を分離後に、空中でヘリコプターによる回収を目指しています。Airbus Defense and Space 社は、第 1 段部分に翼を装備して、グライダーのように滑空飛行で地上に着陸させて回収するという取組みを目指しています。

航空機によるロケット打上げ

　ロケットベンチャー企業には、斬新なアイデアを有する企業が存在します。

　Virgin Galactic 社の航空機によるロケットの空中発射です。Virgin Galactic 社は、Virgin グループの CEO リチャード・ブランソン氏によって立ち上げられた宇宙ベンチャー企業です。

　同社の Launcher One は、輸送用のジェット航空機「WhiteKnightTwo」の中心部分に搭載されるロケットです。このロケットは、このジェット航空機が飛行中にロケットが分離され、空中発射され、宇宙空間へと輸送されます。輸送用のジェット航空機「WhiteKnightTwo」以外にも、Boeing747 の旅客機を活用した打上げの取組みも存在します。

　その他にも航空機を活用した取組みは、Stratolaunch Systems 社や

Orbital ATK 社などがあります。Stratolaunch Systems 社は、Stratolaunch という Boeing747 のエンジンを活用した航空機から、Orbital ATK 社は、航空機 Stargazer からロケットを発射します。2016 年 12 月にも Orbital ATK 社は、航空機から Pegasus ロケットの打上げに成功しています。この空中発射によるメリットは、以下の点が考えられます。

- ロケットの射場の必要がないため、設備費、運用費などが大幅に削減可能
- 人工衛星のミッションに応じて最適な場所まで移動して打上げ可能
- 天候に左右されないため、オンタイムの打上げが可能

マイクロ波を活用したロケットベンチャー

　Escape Dynamics 社は、マイクロ波によるロケット打上げの取組みを手掛けています。これは、地上に整備された多数のパラボラアンテナからマイクロ波をロケットに向けて照射し続けることで、推進力を発生させるものです。Escape Dynamics 社は、SpaceX 社の CEO イーロン・マスク氏からの資金支援を受けて創業しました。

　この取組みのメリットとしては、以下が挙げられます。

- ロケットをシンプルな構造やシステムで構成することができ、製造しやすい
- 通常のロケットとは異なり、飛行体として設計されているため、再利用が可能

　マイクロ波を発生させるための自家発電もしくは公共の電力網の詳細やロケット推進に必要なマイクロ波のパワーや電気料金などは、不明です。2018 年 3 月現在、Escape Dynamics 社は、資金ショートにより事業が停止している状況のようです。

　日本では、マイクロ波ロケットを手掛ける Lightflyer 社が尽力中です。

Part 2　宇宙ビジネス第三の波

ハイブリッドエンジンを搭載したロケット

　航空機は宇宙空間へ行くことはできません。理由は、航空機のエンジンは、燃料を燃焼させるには酸素が必要であり、その酸素を空気中から取り入れていますが、宇宙空間は酸素がなく、エンジンが作動しないためです。ロケットは、液体燃料、固体燃料のタイプがありますが、空気中の酸素を必要としていません。

　こうしてみると、空気中でも空気のない宇宙空間でも両方作動するエンジンがあれば理想と思いませんか。このエンジンがハイブリッドエンジンです。

　ハイブリッドエンジンを搭載することで、次のようなメリットがあります。

- 宇宙空間と空の両方を航行できる
- ロケットのような形状としなくとも飛行機のような形状とすることで、再利用型の機体とすることができる
- 航空機として離着陸できる
- 宇宙飛行士のような訓練が不要で、誰でも搭乗することができる
- 宇宙旅行機としても適している

　英国のベンチャー企業　Reaction Engines 社は、ハイブリッドエンジン「SABRE」の開発に着手しています。ハイブリッドエンジン「SABRE」を搭載した輸送機は、宇宙旅行用としても使用でき、また、宇宙空間に到達した際には、機体の胴体部分が開き、人工衛星が放出される仕組みも有しています。宇宙旅行機としては、ロンドンとオーストラリア間を4時間半で結ぶことも可能のようです。

　Reaction Engines 社は、欧州宇宙機関（ESA）、英国宇宙機関（UK Space Agency）、BAE SYSTEMS 社から資金提供を受け、また Airborne Engineering 社、Gas Dynamics 社、Bayern-Chemie 社と連携しながらビジネスを進めています。

日本でも PD エアロスペースが宇宙旅行機としてのハイブリッドエンジンの開発を実施しています。

世界をリードする Rocket Lab 社

ニュージーランドに拠点を置く米国ベンチャー企業 Rocket Lab 社は、Electron ロケットを開発し、小型衛星のロンチサービスを行う計画です。Rocket Lab 社は、小型ロケットのロンチサービス事業を計画するベンチャー企業のなかで、現時点では世界で最もリードしている企業の1社といえます。

Electron ロケットは、全長 17 m、直径 1.2 m の 2 段式ロケットです。150 kg 級のペイロードを太陽同期軌道 500 km の高度まで輸送することが可能です。

Electron ロケットの特徴は、次が挙げられます。

まず、ロケットの構体が炭素複合材で製造されていることです。軽量化、高強度化が図られます。また、1段目、2段目のエンジン Rutherford は、液体酸素とケロシンを使用しています。このエンジンは 3D プリンターで開発したといいます。3D プリンターは、製作精度に課題があるといわれますが、構造を最初から3次元で製作するため、複数の部品のねじ、ボルトなどによる結合や溶接などが不要となり、構造が一体化され、信頼度が上がります。

2017年5月25日、Rocket Lab 社は、ニュージーランドの Mahia 半島の Launch Complex 1 という射場から Electron ロケットの初めてとなるテスト打上げを実施しています。このテスト打上げの主な目的は、Electron ロケットの機能性能試験です。1段エンジンの燃焼、1段目の切り離し、2段エンジンの点火、燃焼、フェアリングの分離のテストは順調に終了したといいます。しかしながら、目標としていた軌道高度には、到達することができなかったようです。この打上げにより取得した2万5000にも及ぶデータを分析し、ロケット最適化に努めるといいます。

さらに、2018年1月21日の2回目のテスト飛行において、Planet社のリモートセンシング衛星 Dove と Spire 社の Lemur-2 衛星の打上げに成功しています。

Rocket Lab 社は、NASA、Spire 社、Planet 社、Moon Express 社、Spaceflight 社から打上げに関する契約を結んでいるといいます。

小型衛星の爆発的な普及が、多くの専門家の間で予想されています。現時点までは、小型衛星は、大型ロケットで同時に複数機打上げられてきました。商用目的よりも技術開発目的の小型衛星が多く、各国の宇宙機関を中心に低価格もしくは無償で小型衛星の打上げを支援しています。

しかし、今後、大型ロケットによる小型衛星の打上げは、小型ロケットによる打上げにとって代わられるでしょう。大型ロケットでは、主となる大型衛星などのペイロードが"主役"であるため、打上げ時期、打上げ時刻、軌道などの条件は大型衛星の都合で決定されるからです。大型衛星の軌道投入が優先となり、小型衛星の所望の軌道導入の優先順位は劣後となっています。この点、小型ロケットによる輸送は、小型衛星の都合で決定できます。

SpaceX 社創業の小型ロケットベンチャー、Vector

2016年4月26日、米国に超小型衛星の打上げのための小型ロケットベンチャー企業 Vector Space Systems 社が設立されました。この小型ロケットベンチャーは SpaceX 社の創業者らにより設立されています。

現在、SpaceX 社は、数多くの大型衛星を打上げています。将来に訪れる超小型衛星の打上げビジネスの需要の急増に対して、Vector Space Systems は、SpaceX 社のロケット技術やネットワーク力を活用することで効率よく事業を立ち上げられるといいます。

2016年7月20日、Vector Space Systems 社は、米国 Garvey

Spacecraft Corporation を買収しました。Vector Space Systems 社は、Garvey Spacecraft Corporation の小型ロケット Nanosat Launch Vehicle（NVL）の設計やノウハウを継承し、そのロケットを Vector ロケットとして打上げる予定です。

その Vector ロケットは、2 種類のロケットを開発しています。Vector-R（Rapid）と Vector-H（Heavy）です。Vector-R は、高さ 13 m、直径 1.2 m、重さ 6 トンで、50 kg 以下の超小型衛星をスピーディーに打上げるために開発されたロケットです。打上げコストは 1.5 億円といわれています。Vector-H は、高さ 16 m、重さ 10 トンで、100 kg 級の小型衛星を打上げることができます。打上げコストは 3 億円程度です。Vector-R は 1 段式、Vector-H は 2 段式のロケットで、液体酸素、プロピレンの燃料を使用しています。

小型ロケットビジネスでは、コスト削減にかかる取組みがあまり報じられていませんが、Vector Space Systems 社のコスト削減策は、ULA 社の Vulcan ロケットの第 1 段部分を落下時にヘリコプターで回収する方法と類似し、第一段部分に搭載されたパラシュートを落下時に展開し、UAV（無人機）で回収する方法です。

2017 年 5 月 3 日には、Vector Space Systems 社は、Vector-R ロケットの初打上げに成功しています。

超大型ロケットビジネスの狙い

近年、超大型ロケットのビジネスの話題が盛んになっています。米国 SpaceX 社が手掛ける Falcon Heavy ロケットがその最たる例です。

Falcon Heavy ロケットは、全長 70 m、直径 12.2 m、重量 1420 トンの超大型ロケットです。SpaceX 社の主力ロケット Falcon 9 の第 1 段ブースターを 3 本備える 2 段式ロケットで、LEO（低軌道）まで 63.8 トン、GTO（静止トランスファー軌道）まで 26.7 トンの重量の人工衛星などのペイロードを運ぶことができます。火星までは、16.8 トンのペイロードを輸送することが可能です。

Part 2　宇宙ビジネス第三の波

　2018年2月6日、Falcon Heavyのテスト打上げが行われ、みごと成功しています。イーロン・マスク氏の遊び心も入った取組みも話題になりました。自身の手掛けるTesla社の「ロードスター」を乗せて、動画放映も行っています。
　Falcon 9の打上げ価格は約62億円、Falcon Heavyの打上げ価格は約90億円といわれています。

　世界の大型ロケットとして、有名なのは、米国ULA社の「Delta IV Heavy」ロケットです。LEO（低軌道）まで約22.6トンのペイロードを運ぶことができます。そのほかにもロシアの「Proton M」は、23トンのペイロードをLEOまで運ぶことができます。ロシアの「Angara A5」、「Angara A7P」、などもあります。

　小型衛星市場の爆発的な普及が予想されているなか、SpaceX社は、なぜ超大型ロケットのロンチサービスを手掛けようとしているのでしょうか。
　理由は、大きく3つあると考えています。
　1つ目は、通信衛星の大容量化と高速化に対するニーズです。インターネットが普及し、スマートフォンなどで、世界中の多くの人が、日常的に音声データ、テキストデータ、動画などを送受信しています。その莫大なデータを常に保存し、また、そのデータを送受信するための通信速度も高速化する必要があり、それにインフラとして順応していく必要があります。そのため、通信衛星においても、大容量化と高速化のニーズがあり、その技術を成立させるために人工衛星が大型化することが予想されています。
　2つ目は、宇宙旅行に対するニーズです。宇宙は、宇宙飛行士という優秀な限られた人だけが行ける世界でしたが、世界のだれもが宇宙に行ける時代がすぐそこに来ています。少数よりも大勢の人を運ぶことが宇宙旅行には求められるでしょう。SpaceX社の手掛けるFalcon Heavy

は、そのようなニーズにもこたえることができる超大型ロケットです。既に退役した米国のスペースシャトルよりも大型ですので、多くの人を運ぶことができます。

　3つ目は、月や火星などの惑星探査、惑星移住などに対するニーズです。宇宙旅行と重複しますが、大勢の人を遠くの惑星まで運ぶ、そして地球に帰還させるためには、超大型ロケットは必要不可欠です。各社の惑星探査、惑星移住に対する構想は様々ですが、解決すべき技術面での課題やビジネス面での課題も様々です。スペイン、ポルトガルを中心とした中世ヨーロッパの大航海時代も同じだったのではないでしょうか。小さなボートでアメリカ大陸、アフリカ大陸へ渡ろうという発想はしないでしょう。大航海時代には、大型の船舶が開発され、夢と希望そして不安を抱きながら当時の人々は新しい世界を開拓していったことでしょう。

世界初となる民間運営のロケット射場
　ニュージーランドに拠点を置く米国 Rocket Lab 社は、世界初となる民間運営のロケットの射場の整備を実施しています。

　Rocket Lab 社は、ニュージーランドの西部中央の半島 Mahia という場所に Complex 1 という射場を整備しました。

　この Rocket Lab 社の射場の立地条件は、ロケット、人工衛星の海上輸送や空輸しやすさなどのロジスティクスの面でのメリットと、過去に米国航空宇宙局（NASA）がサブオービタルフライトのテストのために活用していた場所ということで、ある程度インフラが整っていること、太陽同期軌道で大きい軌道傾斜角を持つ小型衛星の打上げには適した位置であることなどを考慮し、ニュージーランドを選択したとのことです。

　ちなみに、サブオービタルとは、宇宙旅行やロケットなどの実験のために短時間のみ宇宙空間をフライトする形態のことです。

　読者のなかには、「Rocket Lab 社のロケット射場は、世界初となる

民営のロケット射場なのか？」と疑問に思われたかたもいると思います。おそらく、米国ニューメキシコ州のSpaceport Americaという射場が、世界初の民営のロケット射場なのではと思われたと思いますが、Spaceport Americaは、ニューメキシコ州政府が税金により整備した射場であり、完全な民営の射場ではないのです。

　Rocket Lab社は、ロケット射場を完全民営化することで、ロケット組立作業の効率化、打上げオペレーションの効率化、打上げに関わるハードウェア・ソフトウェアを含むシステムの最適化、ロケット打上げ後の射点の修理・回収などの効率化などにより、従来数ヶ月を要していた打上げ準備作業期間の短縮やコスト削減などが期待できます。

夢の宇宙エレベータ建設へ

　射場ビジネスとして、Rocket Labs社と違う視点を持った取組みを実施している企業を紹介します。

　カナダの宇宙・防衛関連企業Thoth Technology社は、宇宙エレベータに関する特許を取得しています。宇宙エレベータというと、静止軌道である3万6千kmの高度にステーションを建設し、地球とステーション間をエレベータで往復できるものを指すのが一般的です。現在のところ、宇宙エレベータに使用することが検討されているカーボンナノチューブの技術開発にまだ時間を要するなど、まだまだ夢の話、SFの世界などといわれることが多いと思います。宇宙エレベータは日本では大林組の取組みが有名です。Thoth Technology社の宇宙エレベータは、そのようなものとは別のものです。

　Thoth Technology社の宇宙エレベータは、与圧ユニットを積み重ねた高さ20kmほどの塔のことです。高さ20kmの屋上には、ロケットの打上げができる射点が置かれたり、気象などの科学目的の観測、宇宙と地上との通信ハブなどに活用したりするといいます。

　大気圏のうち、成層圏は緯度によっても異なりますが、中緯度では10～12kmの高度といわれています。成層圏の上からロケットを打上

げることができれば、ロケットの燃料削減につながり、地上からの発射と比べて1/3程度のコスト削減が見込めるといいます。このため、Thoth Technology社は、SpaceX社に対して、Falcon 9やFalcon Heavyなどのロケットの打上げ射点や打上げ後の第1段部分の垂直着陸の帰還場所としても、この宇宙エレベータの屋上を活用することを提案しているといいます。

そのほかにも、Thoth Technology社は、ビジネスのアイデアを柔軟に創出しています。観光事業と再生可能エネルギー発電事業です。

この宇宙エレベータは、地上から高さがあるため眺望などに優れ、非日常の空間を演出することができます。その環境を活かしてホテルや展望デッキを備え付けるようです。また、円筒型の宇宙エレベータの側面には、らせん状にレールが敷かれ、大型のゴンドラが移動し、乗り物としての事業も進めています。2017年時点において、世界で最も高い建造物は、アラブ首長国連邦にあるブルジュ・ハリファで、828mです。東京にある634mの高さを誇るスカイツリーでも十分高いイメージですが、Thoth Technology社の宇宙エレベータはこれら以上に高く、少しくだけた表現をするとアニメのドラゴンボールで登場するカリン様が住む「カリン塔」に近いイメージです。今後、これと類似した発想のビジネスが生まれるのではないでしょうか。

再生可能エネルギー事業としては、上空の比較的強く安定した風を活かした風力発電を計画しているといいます。この風により、施設全体の電力をまかなう計画といいます。筆者は、天候に左右されない太陽光発電も可能性としてはあるのではないかと考えています。

ロケットの打上げや再着陸などの射点としてのビジネスに加えて、観光事業や再生可能エネルギー事業を加えた点が、NewSpaceらしい一面です。

5.2 NewSpace の花形、小型衛星ビジネス

大規模コンステレーションによるグローバルブロードバンドビジネス

　NewSpace の花形はやはり小型衛星、小型ロケットでしょう。

　小型衛星による大規模コンステレーション事業を進める企業がいます。コンステレーションとは、集団、配置という意味で、多数機の小型衛星が編隊を組み、宇宙空間を飛行しているイメージです。

　OneWeb 社は、小型衛星による事業を手掛けるベンチャー企業であり、世界を代表する企業である Qualcomm 社や Virgin Group 社、Coca-Cola 社などが出資しています。

　OneWeb 社は、低軌道に約 4000 機の小型衛星を打上げて、大規模なコンステレーションを形成し、世界のどこからでもインターネット環境に接続できる事業を目指しています。OneWeb 社は、Airbus Defense and Space 社に小型衛星の製造を委託しており、Airbus Defense and Space 社は、Digital Factory と呼ばれる大量生産向けの工場の整備にも着手しています。日本のソフトバンクが出資したことも話題です。

　光ファイバーなどのネットワークインフラが地上に整備されていない国や地域に、ブロードバンドサービスを提供するには、膨大な予算と相当の期間が必要となります。しかしながら、宇宙空間で小型衛星を活用すれば、インフラ整備費の削減、整備期間の大幅な短縮が可能なことに加え、地震、洪水などの自然災害の影響を受けないネットワークが構築できます。インフラ未整備の国や地域に人工衛星を活用したインフラが整備できれば、新産業や雇用創出につながる可能性もあります。実際に Coca-Cola 社は、これまでに通信インフラが未整備だった地域にも物流の拠点をつくり、その地域へ自社の製品の販売網を確立すること、ドリンクスタンドなどを整備し、小型衛星による通信インフラを活用して

POSのように商品在庫管理を実施し業務効率化を図ること、通信インフラ未整備地域において、特に女性の社会進出が未熟な国・地域において、雇用を創出すること、などを狙ってOneWeb社へ出資をしています。

　SpaceX社も小型衛星を4425機打上げる計画を打ち出しています。実際に米国連邦通信委員会（FCC）へこの計画を申請しています。この計画はStarlinkと呼ばれています。2018年2月22日、Falcon 9によって小型衛星試験機「Tintin A」「Tintin B」の2機が打上げられ、成功しています。
　この構想は、大量の通信衛星を地球低軌道に打上げ、1ギガビット／秒という高速通信を可能とするもので、その整備には、約100億ドルの費用がかかるといいます。既に、Google社が10億ドルの出資をしているといわれています。
　SpaceX社の通信衛星は、膨大な数の人工衛星を打上げるため、比較的低コストな超小型衛星といわれていましたが、1ギガビット／秒の高速通信を実現するには、それに対応した性能を有する通信システムが必要となるため、人工衛星はどうしても大型化してしまいます。結果として、人工衛星の重量としては約400kgとなり、サイズは中型衛星に分類されるようです。人工衛星は、軌道高度1150〜1325kmに打上げるといいます。
　この計画は、第1段階として800機の人工衛星を打上げ、まず北米を中心に衛星インターネット接続サービスを開始する予定です。その後順次、人工衛星を打上げていき、約5年で全4425機の人工衛星を全球カバーするように打上げるといいます。最終的には、約12,000機の小型衛星を打上げる計画のようです。

　Facebook社も、小型衛星による大規模コンステレーション事業を進めていました。しかしながら、大規模コンステレーションの整備コスト

を試算したところ、事業採算性に懸念が発生したということで断念しています。小型衛星による大規模コンステレーション事業は断念しましたが、フランスのEutelsat社と連携して、静止軌道衛星「AMOS-6」を打上げる、アフリカ地域への通信事業へと方向転換を実施しました。

世界にはO3b（Other 3 billion）といって、通信インフラが未整備であり、その環境を利用できていない人たちが世界には30億人いるといわれています。世界の人口は現在70億人強といわれており、4割強の人たちが通信環境を利用していないのです。通信環境が整備されることで、多くの人が多くの情報を手にすることができ、様々なビジネスが生み出されるでしょう。宇宙ベンチャー企業各社は、このホワイトスペースにビジネス性を感じています。

小型衛星の大量生産の時代到来

先に紹介したとおり、米国ベンチャー企業OneWeb社は、小型衛星約4000機を打上げ、大規模コンステレーションを構築する計画「OneWeb構想」を立てています。そのため、2017年6月27日、欧州Airbus Defense and Space社は、この「OneWeb構想」に対しての小型衛星の大量生産ラインの詳細を発表しました。

この小型衛星の大量生産ラインは、「Digital Factory」と呼ばれ、Design（設計）エリアとProduction（生産）エリアに分かれています。

Designエリアでは、クリーンルームに設置されたディスプレイを確認しながら、小型衛星のアッセンブリーやテストの指示を送ります。Productionエリアには、小型の運搬用ビークルや作業用ロボット、スマート試験装置などが配置され、自動で制御されています。一連の作業により得られたデータは、ビッグデータとして解析され、作業効率化などに役立てられるといいます。

この小型衛星の大量生産ラインは、30のワークステーションからな

り、1つのワークステーションには、2名の作業員が配置されるようです。いまのところ、1日1シフト制での作業を予定しているとのことですが、1日3シフト制までフレキシブルに対応可能といいます。この製造ラインにより一週間に15機の小型衛星を製造することができるといいます。

　米国 Raytheon 社でも同様の動きがあります。Raytheon 社は、ミサイル工場での製造ラインの技術やノウハウを活用し、小型衛星の大量生産化に踏み出しています。

　人工衛星は、顧客からの要求を記載する仕様書にもとづき、オーダーメイドで製造されるのが一般的ですが、小型衛星は、汎用性を有しているため、大量生産される商品となるでしょう。

　現在、世界では約9400万台の4輪車（自動車）が販売されています。自動車は、流れ作業を活用して組立、製造されていますが、これと類似した時代となるでしょう。自動車業界では、トヨタ自動車のカイゼン、カンバンなどの製造管理手法が有名ですが、小型衛星の製造においても多くの製造管理手法が生み出されるかもしれません。また、自動車業界など優れた製造管理手法に強みを有する人材が、宇宙ビジネスに登用されるかもしれません。

宇宙空間を操るビジネス

　新しいミッションプロバイダーとして新しいビジネスモデルを提唱するベンチャー企業が存在します。米国のベンチャー企業 Spaceflight 社です。Spaceflight 社は、ロケット1機に複数の小型衛星を搭載し、ライドシェアによる所望の軌道投入などを行い、打上げコスト削減や人工衛星の燃料削減に貢献するといいます。主衛星とピギーバック衛星としての複数機の小型衛星をロケットで打上げる従来の方法とは異なります。従来の方法は主衛星の軌道投入がメインであり、小型衛星は"付属"として扱われ、所望の軌道投入は困難です。しかし、Spaceflight

社の手法は、ロケットと人工衛星を接合している衛星分離部（PAF）にあたる部分がスラスター機能を有しており、所望の場所までスラスター機能により移動することができ、所望の場所で小型衛星を分離、放出します。小型衛星ごとに所望の軌道に投入することができるのがメリットです。

小型衛星の爆発的な普及が予想されており、所有する小型衛星を所望の軌道へ投入したいというニーズは高くなり、今後、小型衛星1機に対して、小型ロケット1機で打上げて所望の軌道に投入する方法が中心となるでしょう。しかし、Spaceflight社のケースは、それとは異なり、複数の小型衛星をライドシェアにより、宇宙空間のそれぞれの所望の軌道まで移動して放出する画期的なビジネスです。

既にSpaceflight社は、Falcon 9、PSLV、Dnepr、Antares、Cygnus、Electron、Soyuzなどの様々なロケットロンチサービス企業と提携し、計画を実現しようとしています。

このほかにも、様々な企業で考えられているサービスがあります。低軌道や静止軌道などで周回している大型衛星は、近年不具合による寿命ではなく、姿勢制御や軌道制御に活用される推進剤の枯渇により寿命を迎えることが多くなってきています。推進剤を再注入することができれば大型衛星の寿命はさらに伸ばすことができます。空軍の輸送機や戦闘機などで、空中で燃料を補給するのをご覧になったことはありますか。これに近いことを宇宙空間で行おうというサービスも考えられています。

大型衛星に比べると、現時点では小型衛星は、姿勢・軌道制御系や推進系の能力に限界があります。いかに省エネ・低コストで小型衛星を操ることができるか、もしくは上記で述べた推進剤の再注入のサービスのように、いかに"大型衛星を小型衛星が支援できるか"が今後のビジネスの鍵といえます。

小型衛星の研究開発は成熟しつつあります。今後、大型衛星が掌握してきた宇宙空間に小型衛星が参入し、支配的になる時代がくるでしょう。大型衛星は、大型衛星にしかできないミッションがあるためその市場が消滅するわけではありませんが、小型衛星は、大規模コンステレーションを形成することによる、超広域、リアルタイム、ビッグデータといったキーワードのビジネスでの活躍が期待できます。

スペースデブリ除去ビジネス

宇宙空間には、1 cm 以上の大きさのスペースデブリが75万個存在するといわれています。スペースデブリが宇宙空間に存在する人工衛星、ロケットなどの宇宙輸送機、宇宙ステーションなどに衝突すると、損傷は免れず、最悪の場合、全損や人命に関わる問題となる可能性があるため、深刻です。そこに商機を見出したのが小型衛星を活用したスペースデブリ除去ビジネスです。

スペースデブリ除去ビジネスを手掛けるのは、日本の宇宙ベンチャー企業アストロスケールです。アストロスケールは、スペースデブリ除去ビジネスの実証段階として、2017年に、微小デブリ計測衛星「IDEA OSG 1」を打上げました。しかしながらロケット側の失敗によりこの実証は見送りとなっています。2019年には、デブリ除去衛星実証機「ELSA-d」の打上げを予定しています。

微小デブリ計測衛星「IDEA OSG 1」は、LEO（低軌道）へ打上げられ、LEOに存在する $100\,\mu m$ 以上のスペースデブリを計測し、カタログ化することを目指しています。

ELSA-d衛星のミッション（実証）は、模擬したデブリの捕捉と大気圏突入と消滅を実証する目的で、次のようなものです。ELSA-d衛星は「Chaser」と「Target」の2つから構成されています。まず宇宙空間でChaserとTargetが分離します。分離した後、Chaserは、搭

載された光学センサーと捕捉機能によりTargetを捕捉します。その後、再びChaserとTargetを分離し、もう一度捕捉を実施し、そのまま大気圏へと突入し、燃え尽きて終えるという実証です。

　スペースデブリの除去に対する取組みは、海外でも実施されています。スイス連邦工科大学ローザンヌ校（EPFL）の宇宙工学センター（eSpace）と信号処理研究所（LTS5）、西スイス応用科学大学（HES-SO）は、円錐形のネットを装備したスペースデブリ捕捉衛星で、デブリを想定した小型衛星「スイスキューブ」を捕える計画を共同で打ち立てています。
　スペースデブリ捕捉衛星に搭載されたカメラなどのセンサーでスペースデブリを見つけだします。スペースデブリ捕捉衛星は、姿勢制御や軌道制御を行いながら見つけだしたスペースデブリまで接近します。接近しながら円錐形のネットを広げ、スペースデブリを捕捉します。捕捉後は、スペースデブリ捕捉衛星もともに大気圏に突入し、燃え尽きます。

　現在まで、スペースデブリ除去衛星には、コバンザメのように接触し捕捉するタイプと漁業のような網を使ったネット捕獲のタイプの2種類があるようです。
　スペースデブリ除去衛星には、スペースデブリを除去する目的以外にも、安全保障上、政府もしくは民間企業が所有する人工衛星、ロケット、国際宇宙ステーションなどに脅威を与える物体に対して、見つける、追跡する、除去するなどのニーズもあるかもしれません。

宇宙のVR映像化ビジネス
　SpaceVR社は、米国サンフランシスコに拠点をおくベンチャー企業です。宇宙空間をVR（Virtual Reality）で楽しめるようにするビジネスに取り組んでいます。360度の全球映像を撮影することができる4Kの高精度カメラを搭載した人工衛星「OverView1」を打上げる計画を

立てています。高度320kmあたりの宇宙空間をこのカメラで6ヶ月にわたり撮影し、VR化するといいます。そのほかにも、SpaceVR社は、太陽系内に探査機を送る計画を立てていて、いままで見ることができなかった惑星や宇宙の様子をVRでみられるようにする計画も立てています。

　SpaceVR社による宇宙空間のVR映像は、将来の宇宙旅行の旅行プランの比較、天文学などの教育、ストレス解消、精神疾患患者の治療などの医療、映画・ゲーム・アトラクションなどのエンターテインメントで活用されるでしょう。この宇宙を活用したVR事業は、まだブルーオーシャンの市場であるため、上記の分野以外での様々な展開も期待できるのではないでしょうか。

ビットコイン衛星の登場

　カナダBlockstream社は、インターネットへの安定したアクセスが確保できない地域でもビットコインを活用できるようにするため、ビットコイン衛星「Blockstream Satellite」によるサービスを開始する計画を立てています。

　ビットコインとは、仮想通貨の一種です。円、ドル、ユーロなど法定通貨のように特定の国家や共同体が価値を保証しない通貨のことです。ビットコインの開発者は、中本哲史氏という日本人であるともいわれています。仮想通貨は、ビットコイン以外にも、リップル、ヴァージなどがあります。

　なぜ、ビットコインの取引を人工衛星で実施するビジネスを計画しているのでしょうか。世界には、銀行口座の利用や資金保全に問題のある国々がたくさんあるといわれています。不誠実な政府による権力支配が一因といわれていますが、その解決策としてBlockstream社は、仮想通貨であるビットコインの活用を検討しています。

　もし世界中の人々がビットコインを利用できるようになれば、政府に起因する通貨の下落という問題を回避できる可能性があるといいます。

インド政府が高額紙幣を市場から強制的に回収したことで経済が大混乱したことがあります。このような混乱をビットコインは回避できる可能性があります。

　Blockstream Satellite を活用すれば、誰もがビットコインのネットワークに自由にアクセスできるようになります。その結果、ビットコインの決済処理をいつでもどこでもリアルタイムで利用できるようになります。アフリカの農村地域にいる農民でもトレーダーになることができ、ニューヨークの中心部にいる人と同じように、このネットワーク上でビットコインの取引ができます。その結果、貧困国の経済にも大きな影響を与えると考えられます。

　しかしながら、実際に取引をするには、コンピュータ、スマートフォンなどの端末、衛星通信用の送受信アンテナ、受信機などの設備が必要となるため、貧困国では課題となっています。
　現在でも経済が混乱に陥る国や地域は存在します。経済混乱の回避、個人の金融資産の保全の観点でもビットコイン衛星は、大きな役割を果たすかもしれません。

5.3 ｜ リモートセンシング画像の様々な活用法

リモートセンシング画像と人工知能（AI）で街づくり

　2016年2月、米国 Facebook 社は、人工衛星で撮像された画像（リモートセンシング画像）と人工知能（AI）を活用して、正確な地図の作成、都市の発展の予測など街づくりに活用していく計画であることが報じられました。

　Facebook 社には、Connectivity Lab という、研究所が存在します。その研究所では、世界約 20 か国の約 146 億枚のリモートセンシング画像を AI を活用して、人工建造物を識別して、川沿いや道路沿いにどれくらいの住宅があり、どのようなコミュニティーが形成されるのかを分

析しています。このAI技術は、Facebook社が開発した顔認識技術を応用したもので、自然災害のリスク評価や地域経済の評価分析などにも応用可能とのことです。

そのほかにも、世界の正確な地図を作成することで、どの国のどの地域にどれくらいの人が住んでいるのかを正確に把握し、グローバルブロードバンドの提供を最適化することができるといいます。

そのため、Facebook社は、通信事業に対しても積極的な動きを見せています。フランスEutelsat社と提携して、静止衛星AMOS-6を活用して、アフリカ地域へインターネット接続環境を提供する計画を走らせています。2016年2月22日には、次世代の通信インフラの開発で世界の通信事業者や通信機器メーカー約30社と提携しています。AMOS-6は、残念ながら2016年9月に打上げ失敗していますが、その後も再挑戦を続けています。

リモートセンシング画像と経済指標

米国SpaceKnow社は、リモートセンシング画像を活用して中国経済の実態を表す新しい経済指標を開発しました。この経済指標は、SMI (the China Satellite Manufacturing Index) と呼ばれ、中国国家統計局が発表する経済指標の購買担当者指数PMI (Purchasing Manager Index) と同様な製造業、サービス業の経済活動を把握する新しい経済指標です。

複数のリモートセンシング衛星によるリモートセンシング画像から中国の6000程度の工業地帯に対して、SpaceKnow独自のアルゴリズムを活用して、約14年間におよぶおおよそ22億枚のリモートセンシング画像から建造物の経時変化や工場の在庫状況などを読み取り、SMIを割り出したといいます。

では、なぜ、SpaceKnow社はこの経済指標を開発したのでしょうか。SMIに最も関心を寄せているのは、ヘッジファンドやプライベートエクイティーなどの投資会社で、特定の工場の経済活動の拠点につい

ての詳細なデータを必要としており、中国政府が公表するデータに対する不信感からこのようなデータに対するニーズがあったことが背景です。

　このようなリモートセンシング画像を活用した経済状況の把握は、世界銀行も、後発発展途上国などの経済状況の把握に役立つ手法と考えており、米国のベンチャー企業 Orbital Insight 社と連携してスリランカの経済状況の把握に着手しているといいます。

リモートセンシング画像と AI で太陽光パネルの設置状況を可視化

　2017 年 6 月、米国 Google 社は、リモートセンシング画像と AI を駆使して、太陽光パネルの設置状況を可視化するシステムを開発しました。

　Google 社は、すでに「Project Sunroof」という B2C のサービスを提供しています。自宅に太陽光パネルを設置すべきかどうか判断できる情報提供サービスです。自宅の住所を入力すると、太陽光パネルを設置した場合の発電量やその電気料金の節約分を知ることができます。すでに米国では、6000 戸以上が利用しているとのことです。

　Google 社は、この Project Sunroof に、機械学習技術である「Data Explorer」を組み合せました。Data Explorer は、Google Earth のリモートセンシング画像により、太陽光パネルを設置している建物を認識し、導入数を把握するといいます。その情報と日照率や晴天率などの情報から発電量や節約料金を割り出しています。

　Google 社は、政府、自治体、企業及び個人が、クリーンエネルギーである太陽光発電の導入について、より正確な判断をするための情報として、役立ててほしいとしています。

　日本でも、日本ユニシスが JAXA と連携して、リモートセンシング画像を活用した太陽光発電予測事業の構想を発表しています。リモートセンシング画像、地上でのセンサーから取得したビッグデータを解析し

て、外部環境による再生可能エネルギーの電力変動に対応した、従来よりも高精度な発電量の予測を行うシステムの実現を目指しています。

リモートセンシング画像のカラー動画とスマートフォンサービス
2016年6月、カナダのベンチャー企業UrtheCast社は、国際宇宙ステーションに搭載した「Iris」と呼ぶカメラで、ボストン、バルセロナ、ロンドンなどの街を撮像したカラー動画を公表しました。

　読者には、「動画？カラー？何が新しいの？」と疑問に思うかたも多いでしょう。読者のなかには、YouTubeやニコニコ動画など、様々な動画サイトを利用しているかたも多く、動画は身近になっていると思います。しかし、リモートセンシング分野においては、写真という静止画が主流であり、"動画"は最近始まったばかりなのです。この動画サービスの先駆者である旧Skybox Imaging社（Google社に買収され、その後Planet社に買収されています）がパンクロ（白黒）動画サービスを開始したのが初めてです。旧Skybox Imaging社（現Planet社）の「SkySat-1」により撮像された90秒程度のパンクロ動画です。筆者は、火山の噴火の様子を動画で見たことがあり、驚いたことを覚えています。

　今回のIrisでは、広域のカラー動画を提供している点がセールスポイントです。

　また、宇宙からの動画は魅力的であり、エンターテインメント性に長けていることに目を付けたのが米国Orbit Logic社です。人間は地面から約150cm程度の高さの視点で日常生活を見ています。しかし、高層ビルや飛行機など高い場所から見る景色は非日常であり、絶景であり魅力があります。ドローンによる空撮映像も非常に迫力があり魅力的です。宇宙からの映像も同様なのです。

　Orbit Logic社は、2013年から「SpyMeSat」と呼ばれるスマートフォンアプリを配信し、スマートフォンからリモートセンシング画像を

注文できるサービスを世界で初めて提供しています。

　正直なところ、スマートフォンなどのアプリでリモートセンシング画像をアーカイブ化するということ自体が、宇宙ビジネスでは新しいことでした。G2B のビジネスが主だったため、このような発想さえ出てこなかったのです。しかしながら、このビジネスは、B2B はもちろんのこと、B2C のビジネスとして展開する起爆剤になることが期待されます。

　リモートセンシングビジネスの今後の発展は、どのようになるでしょうか。リモートセンシングビジネスは、従来から世界各国において、安全保障や軍事などの目的から、政府の需要が大きな割合を占めており、それ以外の活用では、官需、民需ともにニーズが少なく、活用・用途に関するアイデアが豊富ではなく、特定の事業に限られ、事業採算の面で難しいとされてきていました。しかし今では、AI の活用により詳細な評価、分析を実施し、新しい知見を効率的に得ることで、民間企業の主力事業の補助的な位置づけで活用され始めています。

人工衛星を活用した新しい牧畜業者向けビジネス

　オーストラリア The Cooperative Research Centre for Remote Economic Participation は、官民連携事業として、「The groundbreaking Precision Pastoral Management Systems（PPMS）package」と呼ばれる、牧畜管理システムを開発しました。この牧畜管理システムは、人工衛星を活用して広大な牧場に放牧されている牛の体重、牧草の状態を毎日管理できるものです。

　オーストラリアの牧場は、広大です。例えば、オーストラリア北部 Northern Territory という特別地域にある Newcastle Waters という牧場は、約 1 万 km^2（東京ドーム 21 万 3 千個分）という広大な面積に、5 万 5000 頭の牛が放牧されているということです。かつては牧草の管理も全面積の 2% 程度しかできず、牛の体重管理も年 1 回程度でした。

この牧畜管理システムは、牛の体重をリモートセンシング画像で推定するものではありませんが、牛が頻繁に訪れる牧場にある水飲み場の周囲に体重計を設置し、その上に来た牛の体重を測定するというものです。その牛の体重は、牛に取り付けている電子タグで識別できます。この計測された体重は、人工衛星へ送信された後、地上のクラウドシステムで管理されます。また、リモートセンシング画像を用いて、牧草の豊富な場所を特定し、牛を所定の場所へ誘導することができます。

5.4 大型衛星の新しい動き

大型衛星の主流となるオール電化衛星

1995年1月に発生した阪神・淡路大震災では多くの被害が出ました。このとき、インフラとして復旧が早かったといわれているのが電気です。その後に新築されるマンションには、日本全国でオール電化マンションが増え、ブームとなりました。

一方、2011年3月に東北地方太平洋沖地震が発生し、大規模な津波で多くの被害、犠牲者が出てしまいました。このときは、津波による災害であったこともあり、地上に設置されていたインフラ網は壊滅状態と

オール電化衛星

打上げ日	衛星名	運用事業者	衛星メーカ	バス(オール電化)
2015年3月2日	EUTELSAT 115 West B	EutelSat	Boeing	Boeing702SP
2015年3月2日	ABS-3A	Asia Broadcast Satellite	Boeing	Boeing702SP
2016年6月15日	EUTELSAT 117 West B	EutelSat	Boeing	Boeing702SP
2016年6月15日	ABS-2A	Asia Broadcast Satellite	Boeing	Boeing702SP
2017年6月1日	EUTELSAT 172 B	EutelSat	Airbus	Eurostar E3000
2019年予定	(不明)	EutelSat	Thales Alenia	Neo

なってしまいました。この震災でインフラとして復旧が早かったのはガスといわれています。このように、地上のインフラでも、電気か、ガスかという議論が常になされていますが、人工衛星の分野でも電気か、推進剤かという議論があります。

　現在のところ、大部分の人工衛星は推進剤を使った人工衛星で、オール電化衛星は、まだまだ少数で発展途上の段階です。例を紹介すると、中国のAsia Broadcast Satellite社は、オール電化通信衛星「ABS-3A」により静止軌道にて商用サービスをスタートさせました。通信衛星「ABS-3A」は、米国Boeing Satellite Systems社によって製造されたオール電化衛星です。

　そのほかにも、Eutelsat Americas社のオール電化通信衛星「EUTELSAT 115 West B」、Airbus Defense and Space社の「EUTELSAT 172 B」があります。

　オール電化衛星は、姿勢制御、軌道制御のエンジンに化学反応を用いない衛星のことをいいます。現在のオール電化衛星は、Xe（キセノン）を用いたイオン推進スラスターを使用しており、ヒドラジンなどの化学推進スラスターに比べて推力が小さいのが欠点です。そのため、通常、静止軌道への投入に半年もの時間がかかってしまいます。

　ただし、イオン推進スラスターは、化学推進スラスターに比べ、推力発生効率が高く、人工衛星の軽量化でメリットがあります。加えて、化学推進に使われるヒドラジンなどは人体に有害で取扱いに危険を伴います。オール電化衛星のイオン推進スラスターに使うXeは、希ガスであるため安定した気体であり、無害であるため取扱いが容易です。この結果、作業員の訓練・教育、取扱いのための特殊な施設、設備の維持管理などが不要となり、こうした面でもコスト削減につながります。

　日本でも、JAXA、IHI、IHIエアロスペースがオール電化衛星に向けたイオン推進スラスターの開発を行っています。

大型衛星のコスト削減策

　ロケットの打上げ費用を低価格にする取組みは世界でみられますが、大型衛星についてもコスト削減の動きがみられています。2015年7月に、欧州 Airbus Defense and Space 社は、フランス Eutelsat 社と連携して、汎用の通信衛星の開発に乗り出すと報じました。

　人工衛星は、一般的にミッション系とバス系に大別されます。ミッション系は、人工衛星のミッションを達成するために搭載された機器、装置の部分であり、通信衛星の場合は、アンテナ、送信機、受信機などの電波の送受信などを担う部分になります。バス系は、ミッション系を除く系で、太陽光により電気を発生させる太陽電池パドル系、太陽電池により作られた電気を溜めておく蓄電池やその蓄電池の充放電の制御を行う電源系、太陽光による熱や深宇宙による温度差を制御する熱制御系、人工衛星の状態を把握したり、人工衛星を制御するための指令を送受信したりするテレメトリコマンド系などから構成されます。

　バス系は、衛星メーカーによって汎用化（共通設計化）されているのが一般的です。日本を代表する衛星メーカーである三菱電機は DS2000（Diamond Star 2000）が、日本電気（NEC）は NEXTAR が汎用化されたバスです。

　一方、ミッション系は汎用化されていません。一般に人工衛星のミッションは、各々の顧客の要求やニーズに応じて、カスタマイズされて開発、製造されます。汎用化するほど市場に需要がなく、少なからず技術開発要素を導入したい顧客ニーズがあるため、ミッション系は汎用化されません。

　Airbus Defense and Space 社と Eutelsat 社の汎用通信衛星の開発の取組みは、フェーズドアレイアンテナを採用し、アンテナ形状、使用周波数帯域、出力も自由に変更可能です。ソフトウェアで変更できる部分もあるため、運用開始後にも、これらの仕様が変更可能になるという

メリットもあります。現在までに、民間企業の独立採算事業として、官需を頼らずに成立している宇宙ビジネスの分野は、通信衛星や放送衛星を活用した事業です。この部分では、ミッション系の汎用化が進む背景も理解できます。今後、リモートセンシング衛星、測位衛星などでもそのような動きが出てくることを期待します。

5.5 海外の次は宇宙旅行、そして惑星移住へ

　宇宙旅行機を開発する企業は、米国Virgin Galactic社、英国Reaction Engines社、米国Blue Origin社、米国SpaceX社、日本のPDエアロスペースなどが挙げられます。
　現在までに、宇宙旅行機はいくつかのタイプに分類することができます。エンジンのタイプで分類すれば、ロケット型、ハイブリッドエンジン型の2種類になります。旅行者が搭乗する機体で分類すれば、飛行機型、カプセル型に分類されます。各企業ともに、何らかの特徴を出した取組みがみられます。

脱出システムとエンターテインメント性を重視した宇宙船の内装

　2017年3月に、米国Blue Origin社は、宇宙旅行船「New Shepard」の内部イメージ画像を公開しました。
　宇宙旅行船は、ロケットで打上げられるカプセルタイプのものです。「New Shepard」は、高度100 kmの宇宙空間で、数分～10分ほどの無重力体験を実施できるといいます。既に、Blue Origin社はロケットの第一段部分の垂直着陸による回収実験を成功させており、コスト削減に向けて進んでいます。また、「New Shepard」の脱出テストも実施し、成功しています。
　この宇宙旅行船「New Shepard」の内部は、スタイリッシュでゆったりとした空間となっています。船内の窓は大型で、航空旅客機B747の窓の約8倍の面積があるといいます。無重力環境に達すると、自動で

シートベルトが着脱され、各人が自由に宇宙からの景色を楽しんだり、無重力状態を楽しんだりすることができるといいます。宇宙服も軽装でスタイリッシュにデザインされています。

ハイブリッドエンジンでコスト削減を狙う

　PDエアロスペースは、名古屋市に拠点をおくベンチャー企業です。PDエアロスペースは、飛行機用エンジンであるジェットエンジンとロケット用のエンジンの両方の機能を1台のエンジンで実現する世界初となるハイブリッドエンジンと、完全再利用型の弾道宇宙往還機の開発に着手しています。

　この夢のある事業に、旅行代理店大手H.I.S.や航空会社大手ANAホールディングスが出資しています。H.I.S.が宇宙旅行、宇宙輸送サービスの販売を担当し、ANAホールディングスは、航空機の運航ノウハウの活用を活かして、この宇宙旅行ビジネスを成功させようとしています。

ロケットを使った高速旅行サービス

　2017年9月30日、オーストラリアのアデレードにて、国際宇宙会議「IAC2017」が開催されました。そこで、SpaceX社のイーロン・マスク氏は、火星移住構想について発表しましたが、そのほかにも高速旅行サービスについても発表しています。この高速旅行サービスは、東京－ハワイ間を約30分で結ぶものです。世界中の大都市間を1時間以内で結ぶ構想です。この高速旅行サービスには、新型ロケットであるBRFロケットを使うといいます。BRFロケットは超大型で、全長48m、直径は9mあり、50トンのペイロードを載せて、地球－火星間も往復することができます。BRFロケットが打上げられ、高度100kmを超えた後、降下を開始するサブオービタル軌道を取り、垂直着陸を実施し、目的地に到着するものと想定されます。

　日本のPDエアロスペースが開発している宇宙旅行機や英国

Reaction Engines社が開発している宇宙旅行機についても、高速旅行サービスを実現するものです。

　宇宙旅行の場合、安全性の向上、コスト削減、スペースポートの国内拠点の確保など国内発の宇宙旅行事業の開始には、まだまだ超えるべきハードルも多いようですが、エンターテインメント産業、宇宙服などのアパレル産業、宇宙食、保険などの事業と親和性が高いので、宇宙旅行事業は、これらの事業とともに発展していくでしょう。

デザイン性と機能性に富んだ宇宙服ビジネスの幕開け
　2016年1月14日、山本耀司氏が手掛けるadidasのスポーツブランド「Y-3」が、英国Virgin Galactic社と提携して、世界初となる宇宙旅行用アパレルの開発を進めていることを明らかにしました。Virgin Galactic社の本拠地である米国ニューメキシコ州Spaceport Americaにて、宇宙飛行士のフライトスーツとフライトブーツの試作品も発表されました。
　このフライトスーツには、熱や炎などに耐性を有する特殊な素材「Nomex Meta Aramid」が使用されています。また、パイロットの操縦時の自然な姿勢をサポートするように設計されたといいます。
　フライトブーツは、Nomexとレザー、アウトソールにはグリップ力に優れた「TRAXION」を、衝撃を受け止めて快適性を高めるヒールインサートには「adiPRENE」を採用しているといいます。

　2017年1月25日、米国Boeing社は、「CST-100スターライナー」の計画に対して、新しい宇宙服を公開しました。
　CST-100は、Crew Space Transportation-100のことで、Boeing社が開発した、国際宇宙ステーション（ISS）との間を往復する21世紀の有人宇宙旅行船（有人カプセル）です。現時点で、米国のスペースシャトル引退後、国際宇宙ステーションへ宇宙飛行士を輸送できるの

は、ロシアのソユーズ宇宙船しか存在しません。また、ソユーズ宇宙船は3人乗りのため、輸送能力に限界があります。これに対してCST-100は、最大7人乗りと大幅に輸送能力を向上しています。

　CST-100は、円錐形の宇宙船で、つなぎ目のない無溶接の設計を採用しています。宇宙船内は、無線インターネット完備で、乗組員はタブレット型のパネルで宇宙船を操縦します。CST-100の特徴は、現時点では、国際宇宙ステーションISSへの有人輸送が目的ですが、将来は、宇宙旅行計画への転用を意識しています。

　新しい宇宙服は、ブルーを基調とした非常にスタイリッシュなデザインです。1990年代以降NASAが製作したオレンジ色の宇宙服「Advanced Crew Escape Suits」には改善の余地があり、このデザインに至ったといいます。この宇宙服は、船外活動用ではなく、宇宙飛行士が打上げ段階から国際宇宙ステーションに到着するまで、あるいはその逆の帰路での着用を想定しています。

　気密性と極端な温度変化、高真空、宇宙放射線に限らないその他の「極限」状況への耐性が必要な機能と想定されており、しかしながら重さは9kgとソユーズ宇宙船の宇宙服より4.5kgほど軽量化が図られています。ソユーズ宇宙船の宇宙服は一人では着用できない構造ですが、新型の宇宙服は、背中のファスナーの開け閉めで着替えられ、バイザー付きのヘルメットはスーツと一体化しています。肘や膝など関節の動きもスムーズで、立ったり座ったりの動作も楽になるようです。

　日本でも宇宙旅行向け宇宙服の開発の動きがあります。女子美術大学では、宇宙旅行向けの宇宙服「スペース・クローズ」を試作しました。20〜30年後の実現が見込まれる宇宙旅行を想定し、女子美術大学の客員教授でもある山崎直子宇宙飛行士の協力を得て、電気通信大学の野嶋琢也准教授らと共同で製作しました。

　宇宙旅行を意識して服にはセンサーが装着されており、心拍や発汗量などを測定するそうです。襟や袖に付けた羽根のような飾りを動かすほ

か、布に縫い込んだ発光ダイオード内蔵の光ファイバーの光で体温の変化を表現します。宇宙酔いの兆候を捉える用途を想定しています。また、宇宙空間で降り注ぐ紫外線を感知する素材を布地に使い、服の模様の変化で可視化します。

SpaceX社は、「BATMAN vs SUPERMAN」や「ゴジラ」などの映画のコスチュームなどを手掛ける著名デザイナー、ホセ・フェルナンデス氏のデザイン会社Ironhead Studioに宇宙服のデザインを依頼し、完成させています。

従来、宇宙服はNASAやロシア連邦宇宙局などから選抜・認定され、特殊な訓練を受けた宇宙飛行士が着用するものでしたが、宇宙旅行という民間ビジネスが実現した際には、パイロットだけではなく搭乗者となる一般人も宇宙服を着用するでしょう。

それまでに宇宙服が誰でも気軽に一人で着たり脱いだりできるものになる必要があります。デザイン性、機能性、安全性、エンターテインメント性などを兼ね備えた宇宙服が宇宙旅行会社にとっては重要なマーケティング要素になるでしょう。素材メーカー、アパレルメーカー、デザイナーなどが宇宙ビジネスに参入するケースも今後増えるでしょう。

民間の宇宙旅行訓練ビジネス

2017年7月に、英国Blue Abyss社は、世界初となる民間の宇宙飛行士訓練センターの建設を開始したと報じました。Blue Abyss社は、宇宙と深海に特化した研究開発及び訓練サービスを展開する企業です。

Blue Abyss社は、英国RAF Henlow空軍跡地に、宇宙と深海に特化した研究施設及び訓練センターを約175億円を投じて建設します。この施設には、水深50mの巨大プールや微小重力環境、高重力環境設備のほかにも、会議ホールやトレーニングルーム、全120室の宿泊施設が備えられる予定です。

宇宙飛行士といえば、超難関試験を突破したエリートのみがなれる特殊な職業です。国家の宇宙機関により選抜され、米国ならジョンソン宇宙センター、ロシアならガガーリン宇宙飛行士訓練センターといった国が運営する特殊な施設で訓練されてきました。

このような特殊施設を民間企業が運営する時代が到来しました。英国 Blue Abyss 社が描く未来像はどのようなものでしょうか。おそらく、民間人によるサブオービタル宇宙旅行や宇宙ステーション、宇宙ホテルなどでの滞在、惑星移住が実現される時代に照準を合わせているでしょう。そう遠くはない未来には、宇宙旅行は実現され、旅行代金も徐々に低下し、海外旅行と同じくらい身近になり一般家庭にも普及していくことでしょう。

現時点では、宇宙に行く際、英国 Blue Abyss 社が手掛ける施設で訓練を受ける必要が出てきます。このような訓練施設は、各国で民間企業が運営し、宇宙旅行などの市場の成長とともに拡大していくことでしょう。

一歩先を行く Bigelow Aerospace の宇宙ホテル

米国 Bigelow Aerospace 社は、インフレータブルな機構を有する居住空間をつくり出し、宇宙ホテルなどの事業を手掛けようとしているベンチャー企業です。創設者は、ロバート・ビゲロー氏で、コスト面や設計面で競争力を有する宇宙ホテルを建設することを目的に、Bigelow Aerospace 社は 1999 年に設立されました。

2003 年 9 月に、インフレータブル技術（折り畳んだ膜構造体を宇宙空間で展開して大型の構造体にする技術）に関して、NASA からライセンスを得ることに成功しています。

2006 年 7 月には「Genesis I」、2007 年 6 月には「Genesis II」という宇宙居住空間施設の打上げに成功しています。また、2016 年 4 月には「BEAM」（Bigelow Expandable Activity Module）を打上げ、国際宇宙ステーション（ISS）にドッキングしています。

2017年10月17日に、米国 Bigelow Aerospace 社は、月を周回する宇宙ステーション「B330」の整備に向けて、米国 ULA（United Launch Alliance）社と連携することを報じています。今回の Bigelow Aerospace 社と ULA 社が連携する B330 Expansion とは、どのような施設でしょうか。全長約 17m、幅 7m の大きさで、6 名が居住することが可能です。居住部を中心に、推進系、電源系、ドッキング系などがあります。居住部は、農場、診療所、キッチン・カフェ、工場、実験施設など多目的に使用できる施設です。

2018年2月20日、Bigelow Aerospace 社は、宇宙ホテルの運用、販売などを手掛ける新会社 Bigelow Space Operations 社を設立しています。既に米国宇宙科学促進センター（CASIS）と国際宇宙ステーション（ISS）へのペイロード輸送について連携するとしています。

宇宙ホテル事業については、Bigelow Aerospace 社が世界的に一歩先を進んでいる印象です。筆者は、今後、Bigelow Aerospace 社は、この B330 を "プラットフォーム" と位置付け、そこに様々なアプリケーションを集積させるビジネスモデルをつくり上げるのだろうと考えています。

NanoRacks 社、エアーロック事業を加速

NanoRacks 社は、国際宇宙ステーション（ISS）での事業に強みを有するベンチャー企業です。ISS から小型衛星を放出したり、ISS の暴露部（宇宙空間にさらされている部分）における実験をサポートしたり、他の宇宙ベンチャーには真似できない "ブルーオーシャン" の領域で事業を進めています。

NanoRacks 社は、宇宙ホテル、宇宙ステーションなどで活用される商用のエアーロック（開口部に設けられた気圧調整装置）である「Airlock Module」の製造事業を加速させるようです。

2016年5月に、NASA との間で、ISS に Airlock Module を設置する契約を結びました。また、2017年2月には、米国 Boeing 社と

Airlock Module 事業に関するパートナーシップ契約を締結するなど、この事業に力を入れています。

2017年10月3日、NanoRacks 社は、アーリーステージのベンチャー向けに投資する米国 Space Angels 社からの資金調達に成功しています。具体的な資金調達額は、非公開のようですが、2011年6月にも Space Angles 社や個人投資家のエスター・ダイソン氏から資金を得ています。2013年6月には、ベルギー E-Merge 社などから500万ドルの資金調達にも成功しています。NanoRacks 社の CEO、ジェフリー・マンバー氏によると、エアーロックの商用としての生産は世界初となるといいます。

NanoRacks 社の狙いは何でしょうか。今後、宇宙ステーション、宇宙ホテルにおける居住空間、企業や個人の宇宙における実験空間の利用に対するニーズは、高まるでしょう。そのニーズは、Airlock Module に対する需要と密接に関係しています。NanoRacks 社はこのブルーオーシャン領域で、高い参入障壁を築いて他社の追随を許さないビジネスモデルを築きつつあります。

老舗企業 vs ベンチャー企業、両社が目指す火星移住計画

火星移住計画を大々的に発表しているのが、イーロン・マスク氏率いる SpaceX 社です。

SpaceX 社は、2020年代に無人機で物資や燃料を火星に送り、その上で、有人機を運航して大量の人員を送り込んで火星の本格的な植民地化を進める計画を立てています。

SpaceX 社が考える宇宙船は、2022年以降に最初の試験飛行を実施する予定で、100名の定員を収容できる超大型のものです。2017年1月、SpaceX 社は、惑星間航行用の超大型有人飛行船「Interplanetary Transport System」の燃料タンクの圧力耐久試験を完了しています。

2017年9月30日、オーストラリアのアデレードで開催された国際宇宙会議「IAC2017」において、イーロン・マスク氏は、火星移住構想

について、最新情報を発表しています。その際発表されたのは、「BRFロケット」です。全長48m、直径9mで、50トンのペイロードを載せて地球−火星間を往復することができます。現在の主力輸送機であるFalcon 9ロケット、Falcon Heavyロケットなどを近い将来、BRFロケットに集約させるといいます。

　BRFロケットの打上げコストは、Falcon Heavyロケットよりも格段に安くなるようです。2022年には、火星へのカーゴ輸送ミッションを2回実施し、2024年には火星有人ミッションを実現させる計画です。

　イーロン・マスク氏が事業展開している米国Solar City社の太陽光発電や蓄電技術、米国Tesla社の電気自動車、さらには、自動運転車、真空チューブによる新輸送システム「Hyper Loop」などの開発案件は、すべて火星での移住計画に欠かせない要素技術になっているのではないかと筆者は考えています。

　老舗企業も負けてはいません。2017年4月に、米国Boeing社は、有人宇宙探査基地「Deep Space Gateway」構想を打ち立てています。この構想は、もともとNASAが月から火星までの有人の宇宙探査事業を強化する計画に対して、米国Boeing社が検討したものです。

　「Deep Space Gateway」構想は、Boeing社が手掛けてきた輸送システムSLS（Space Launch System）を活用し、月の周回軌道に居住スペースを整備するものです。この整備に必要な資材などは、SLSで4回に分けて打上げて輸送するといいます。

　その居住スペースには、宇宙空間という厳しい環境下での研究開発をサポートする実験設備も整備され、また、政府もしくは商用の宇宙探査のための"オープン"なスペースとして提供されるといいます。

　さらに、国際宇宙ステーション（ISS）で活用されるランデブー・ドッキング技術を活用し、深宇宙へと送り込む探査機（探査ローバーやランダーなど）を放出する中継拠点として位置づけるといいます。

　2017年11月に、宇宙航空研究開発機構（JAXA）は、この計画に連

携していくことを発表しています。

　2016年5月、米国Lockheed Martin社は、2028年までに、火星の軌道に宇宙ステーション「Mars Base Camp」を整備する計画を発表しています。2030年には火星に人を送り込むことを最終目標にしているとのことです。

　「Mars Base Camp」は、宇宙船Orion、宇宙飛行士など有人の居住空間のHabitat、実験設備や火星地上機器・設備を管理監視するための設備をもつMars Laboratoryに加えて、地球への緊急帰還や他惑星へ移動するための推進系などが装備されるといいます。Mars Base Campには、遠心力で重力を発生する装置も備える計画といいます。

アラブ首長国連邦（UAE）の火星移住計画

　2017年2月、アラブ首長国連邦（UAE）のムハンマド首相が、UAEの火星移住計画「Mars2117」と呼ばれるプロジェクトをTwitterで公表しました。

　UAEは、国際協力により、2117年までに火星に「小型都市」を建設する予定です。2020年に無人宇宙船を地球から打上げ、2021年に火星軌道に到達させます。

　過去にもUAEは、火星に関する壮大な計画を発表しています。例えば、2015年には火星にロボットを送り込む計画を公表しています。

　現在から2117年の間にUAEは、専門家からの国際的な協力を受けつつ、火星への輸送や過酷な環境の惑星における衣食住に関する課題に取り組むことになりますが、真の目的は何でしょうか。

　このMars2117には、宇宙科学ミッションや宇宙に対する若者の情熱を育てる目的があるといいます。

火星移住シミュレーターから新規ビジネスを創出するIKEA

　2017年6月、スウェーデンの家具メーカーIKEA社は、NASAと提

携し、火星移住シミュレーターに参画しています。

　火星移住シミュレーターとは、実際に火星ではどのような生活になるのかを模擬し、経験するために整備された米国ユタ州にある施設です。火星移住シミュレーターの正式名称は、「Mars Desert Research Station」です。火星に行く予定の宇宙飛行士は、約3年間この火星移住シミュレーターで過ごすことになるといいます。

　世界を代表する家具メーカーIKEAの狙いは、何でしょうか。それはIKEA社のデザイナーであるマーカス・エングマン氏の構想です。世界の人口が増加し続ける地球において、省スペース家具が必要不可欠になるとマーカス・エングマン氏は、本気で考えています。火星移住シミュレーターでの生活を通じてインスピレーションを得て、新しい家具デザインのヒントを見つけようというわけです。

　IKEA社は、火星移住シミュレーターを活用していますが、宇宙ビジネスの参入は検討していないといいます。

　しかし、今回筆者が伝えたいことは、このような宇宙に係る施設が、新規ビジネスを生み出すための手段として活用されている点にあります。宇宙空間は、膨大な空間を有し、温度差が激しく、真空状態であり、放射線も降り注ぎます。また、宇宙において人が生存するために必要となるモノは、これらの過酷な環境を回避するために複雑なシステムで構成されます。さらに、ロケットなどで打上げるため重量に制限があり、どうしても狭くコンパクトなものになってしまいます。このような宇宙の過酷な環境をうまく逆手にとって活用することで、新規ビジネスを生み出そうとする発想が、今後様々なビジネスにおいて1つの手段となるかもしれません。

Google Lunar XPRIZEから始まった惑星探査事業

　世界では、月面探査事業を手掛けようとする企業が登場してきています。そのトリガーとなったのは、Google Lunar XPRIZEの月面レースであることは、否定できません。

Google Lunar XPRIZE の月面レースとは、どのようなものでしょうか。

Google Lunar XPRIZE は、XPRIZE 財団により運営される世界初となる月面探査レースになります。賞金総額は3,000万ドル（日本円にして約30億円）という、大きな賞金を手にすることができる魅力的なレースです。

月面レースは、3つのミッションがあります。1つ目は、月面ランダーを月面に着陸させること、2つ目は、月面ランダーから月面ローバーを船外へと出し、月面ランダーの着陸地点から月面ローバーを500m以上移動させること、3つ目は、月面ローバーにて撮影した高精度な画像、静止画像を地球へ送信すること、です。

これらの3つのミッションには、より詳細な条件があります。

1つ目の着陸は、XPRIZE 財団に打上げ申請を実施し、着陸地点についても通知して承認を得ることが必要です。

2つ目の走行距離については、直線距離、または審査団によって承認されたポイントへの到達をもって計測されます。

3つ目は、月面ローバーにて撮影した画像を送るだけでなく、XPRIZE 財団から提供される100kB のデータを月面ローバーから月面ランダーを経由して地球へ送信しなければなりません。つまり地球－月間の双方向通信が必要となります。

最も早く3つのミッションを達成した企業には、2,000万ドル（約20億円）が与えられます。2番目にミッションを達成した企業には、500万ドル（日本円にして約5億円）が与えられます。

その他にも、賞金としてボーナスがあります。開発期間中にランダーのシステムに関する部門、モビリティー部門、イメージング部門の3部門において、進歩を示したチームに対して贈られるものです。2015年1月に5チームが授与されています。その中には、日本チームHAKUTO も含まれ、50万ドルを獲得しているといいます。

その他には、アポロ11、12、14、15、16、17号の痕跡の Mooncast

を送信することができたチームは、400万ドル（約4億円）を得ることができます。Mooncastとは、8分の高解像度映像、低解像度のリアルタイムに近い映像、アポロの着陸地点のパノラマ写真、ロボット探査機の一部が写り込んだアポロ着陸地点の写真、のことです。

他にも審判団が興味深いと判断した月面上の場所からMooncastを送信することができたチームは、100万ドル（約1億円）を得ることができます。

月面上でロボット探査機を5km移動させたチームは、200万ドル（約20億円）を得ることができます。この5kmには、メインミッションで既に通過した500mを含んでいます。

月面の昼は14日間続き、気温は最高100℃にも達します。その後、太陽が当たらない夜が14日間続き、気温は－150℃以下まで落ち込みます。そんななか、月面での夜を乗り越えたチームは200万ドル（約2億円）を得ることができます。

さらに、月面上の水の存在を科学的に証明する決定的な証拠を発見し、その発見が査読論文として発表され審査団がそれを認証した場合、400万ドル（約4億円）を得ることができます。

Google Lunar XPRIZEの月面レースに関わる企業は、月面を移動し探査する月面・惑星探査ローバー、月面に着陸しローバーを月面に送り出す月面・惑星探査用ランダーを担当する企業に分類できると思います。残念ながらGoogle Lunar XPRIZEの月面レースにおいて、月へたどり着くチームは不在のままレースは終わりました。

月面探査事業でトップを走るMoon Express社

米国Moon Express社は、月への商用飛行の実現を目指し、米国連邦航空局（FAA）から、2016年8月に商用目的での許認可を取得した、月面の商用飛行を目指す民間企業にとって初の快挙を成しとげた企業です。

米国 Moon Express 社が許認可を受けた月面探査機は、月に軟着陸できるもので、宇宙旅行や資源探査などの商用目的に使う予定です。
　2017 年 7 月 12 日、Moon Express 社は、2020 年には月面探査事業を商用として本格実施する計画であることを発表しました。
　Moon Express 社の「MX-9」ランダーがその役目を担うようです。MX-9 は、9 つの PECO エンジンを搭載し、エンジン出力を調整しながら月面に着陸します。着陸後に MX-9 からロボットアームが伸び、その先端に搭載されたサンプル収集機が月表面に接触し、サンプルを収集します。そのサンプルは、MX-9 の中央部の「MX-1」もしくは「MX-2」に収納され、地球に向けて発射されます。

月面ランダーを武器に多くの企業と連携

　Astrobotic Technology 社は、米国ピッツバーグに拠点を置く惑星探査に係る宇宙ベンチャー企業で、惑星ランダーなどを手掛けています。
　2016 年 6 月 2 日、Astrobotic Technology 社は、新型の月面ランダー「Peregrine」を発表しました。
　Astrobotic Technology 社が開発した Peregrine は、35〜265 kg のペイロードを月面に運ぶことができ、また着陸目標地点に 100m の精度で着陸することができるといいます。
　現在までに、Astrobotic Technology 社は、多くの企業と連携を表明しています。例えば、アストロスケールと大塚製薬のポカリスエット Lunar Dream Capsule という、8 万人以上の子供たちのメッセージを記したタイムカプセルを月へ運ぶプロジェクトや、ispace 社 HAKUTO のローバーの月面までの輸送、DHL の Moon BOX などです。

Deep Space Industries 社の惑星資源探査機

　2016 年 8 月、米国ベンチャー企業 Deep Space Industries 社は、商

用目的の惑星資源探査機 Prospector-1 の開発を発表しました。

　Prospector-1 は、惑星に存在する資源を見つけ、その資源を地球に持ち帰るなど、商用目的で開発される探査機です。Deep Space Industries 社の惑星探査機は、まず地球の低軌道に輸送機（ロケット）とともに投入され、その後、他の惑星に向けて推進していくシステムです。この探査機は、Prospector-X というようにシリーズ化されていく予定です。

　Prospector-1 は、燃料搭載時 50 kg という小型の資源探査機で、探査機の性能とコストのバランスが取られた最適な設計になっています。注目すべき点としては、水による推進システムを採用しているようです。惑星資源としての水を探し出して、惑星上にて、探査機の燃料として水を再充填することができます。これにより、惑星間の移動を容易にし、地球への資源リターンの帰還についてもコスト削減ができ、寿命も延ばすことができます。

　Deep Space Industries 社は、Moon Express 社に、FAA の許認可では先を越された印象ですが、資源探査機として推進剤に水を採用するなど、コストメリットが高いという優位性をもっています。

日本を代表する HAKUTO

　ispace 社は HAKUTO プロジェクトを立ち上げ、Google Lunar XPRIZE という月面レースに挑戦しました。Astrobotics 社と月面輸送契約を締結し、打上げを計画していましたが、残念ながらこの月面レースは、勝者不在のまま終わってしまいました。

　これまでに HAKUTO は、様々な企業と連携やスポンサー契約を発表しています。

　HAKUTO のビジネスモデルは、Google Lunar XPRIZE という賞金レースに挑戦することに対して、企業からスポンサー契約をしてもらうというものです。このビジネスモデルは、F1 レースに類似しています。F1 カー、すなわち、月面探査ローバーという技術力の結集した魅

力あるハードウェアやコンテンツを軸に様々な企業からスポンサー契約をしてもらい、レースに挑み賞金獲得を狙うものです。一方、スポンサー企業は、そのハードウェアやコンテンツに紐づけて、自社の広告・宣伝を展開し、ブランディング、イメージアップなどを図る構造です。この賞金レースへの挑戦を足掛かりにして、HAKUTOは、ローバーの技術開発や未来の惑星資源探査などといった次の事業計画に繋げようとしています。

宇宙ビジネスにおいて、多くの分野では事業リスクが高いため、新規参入を躊躇する企業、断念する企業が多く存在します。HAKUTOが展開するようなビジネスモデルを、模倣したり、応用したりする企業が多く出ることを筆者は期待しています。

地球外生命を探す数グラムの宇宙船プロジェクト

Breakthrough Initiativeは、英国の著名な宇宙物理学者、故スティーブン・ウィリアム・ホーキング博士、ロシアのインターネット投資家ユリ・ミルナー氏、米国Facebook社のマーク・ザッカーバーグ氏らによる、地球外生命体を発見する探査機開発プロジェクトを始動しました。

この探査機は、非常に小型の数グラムの重さのもので、ナノ宇宙船と呼ばれます。ナノ宇宙船は、レーザービームから推進力を得て、光速の20%のスピードまで加速することができるといいます。

ここで重要なのは地球外生命体の発見を目指すことではなく、ナノ宇宙船の技術が将来の宇宙ビジネスにとって大きな可能性を秘めていることです。特にFacebook社のザッカーバーグ氏はその点に注目しています。

ナノ宇宙船は、数グラムの重さをもつ超小型の宇宙船で、StarChipという搭載カメラ、フォトン推進機、電力供給、ナビゲーション、通信機器などが搭載された微小電子チップと、Lightsailという、厚さ方向

の原子数が数百に達しないほど薄型で、重さがグラムレベルの、軽量のメタマテリアルからなる帆（Sail）で構成されます。StarChipは、将来iPhone並みのコストで製作可能といいます。また、推進力をあたえるLight Beamerは、フェイズドアレイレーザーを活用し、100 GWレベルの出力を出すことができるといいます。

　これらのテクノロジーが成熟すれば、1回の打上げコストは、数万ドルまで下がるといいます。現時点では数多くの解決すべき技術課題はまだまだ多いですが、システム設計の主要部分は既に利用可能なものか、合理的な仮定のもと、近い将来実現できるようなテクノロジーにもとづいているといいます。

5.6　異分野に広がる人工衛星データの利活用

気象データを保険事業に活用

　2016年12月に、三井住友海上火災保険は、NASAの人工衛星のリモートセンシング画像を活用した「天候デリバティブ」の販売を世界に向けて開始しています。

　近年、世界的に異常気象が顕著となり、海外へ進出する企業を中心として、天候リスクをヘッジしたいというニーズが高まっています。三井住友海上火災保険は、100％子会社である米国MSIGW社とともに北米や欧州で天候インデックスを販売してきましたが、地上での精密な気象データが取得できないという理由から引き受けが困難であった地域などの顧客のニーズにこたえる商品とすべく、人工衛星のリモートセンシング画像を活用しました。MSIGW社は、気象学に強みを持つ天候デリバティブや天候指数保険を販売している企業です。

　この天候インデックスは、顧客とMSIGW社との間で天候リスクヘッジを目的としたデリバティブ取引を行うものです。主な活用例は、鉱山開発事業での降雨による工期遅延、養殖事業での海水温上昇による生育不良、電力小売り業での猛暑、冷夏による販売変動などのリスクヘッ

ジです。

　リモートセンシング画像は、広域の情報を正確に把握することができ、保険業などの事実確認に適していると思います。

測位信号とアニメ、VR、ARで地域活性化
　測位衛星からの測位信号を活用して、地方自治体の地域活性化、観光活性化を狙う取組みがあります。スマートフォンのGPSを使ったゲームといえば、2016年夏に世界的な社会現象となった「Pokemon GO」が有名です。そのほかにも様々な取組みがあります。

　群馬県桐生市を中心とした地域で遊ぶ街探検型観光GPSゲーム「2116 FEEL & COLOR それでもここにいる理由」が2017年1月12日にリリースされました。桐生市内にある歴史的な建造物や商店街などの観光コースを案内する無料のスマートフォンアプリ「桐生市観光ガイド」の配信も開始しました。どちらのアプリも、開発したのは群馬県桐生市出身のゲームクリエイター殿岡康永氏が代表を務めるニュートロンスターで、桐生市のNPO、商工会議所、商店街関係者が連携してこの取組みが進められました。

　この街探検型観光GPSゲームは、スマートフォンのGPSを使ったゲームで、桐生市の市街地に設置されたセンサーと反応してストーリーが進んでいきます。舞台は近未来の設定で、実写映像やプロジェクションマッピングの体験ゲームなどで、桐生の街歩きが楽しめます。iOSとAndroid4.4以上に対応しており、提供期間は2017年3月31日まででした（その後は「桐生市観光ガイド」に統合されています）。

　桐生市観光ガイドは、①桐生の織物産業の歴史と今を体験するコース、②新しさ×レトロな話題スポットを巡るコース、③大正・昭和の貴重な歴史写真から巡るコースの3つを用意して楽しめるようにしています。行く先々の店舗などで使えるクーポンの配布機能もあります。

　ナビタイムジャパンは、GPSを活用し、観光者の滞在者数を把握す

る取組みを実施しています。ナビタイムジャパンは、無料アプリ「NAVITIME for Japan Travel」をダウンロードした訪日外国人から、測位衛星（GPSなど）を活用して位置情報を取得し、1km^{2}における滞在者数や滞在者の属性（アジア系、欧米系などの分類）を可視化するサービスを実施しています。これにより、観光地のどの場所が人気があるのか、どの位置に滞在者数が多いのかを把握することができます。また、位置情報と所在時刻情報により、滞在者数の時間推移も把握することができます。この取組みにより、昼間は観光客の滞在が多いが夜になると少なくなる、という実態を可視化することができ、課題を把握することができます。そのため、自治体などと連携して観光地のナイトスポットとしての魅力を増やしたり、魅力あるホテルを建設したりと解決策に着手することができます。そのほかにも、商店街の取組みとして、滞在者の所在位置の時間情報がわかるので、集客に関して誘導や効率的な取組みができるようになります。

　他にもナビタイムジャパンは、GPSなどの測位衛星からの情報を活用して、交通分野でのビジネスも展開しています。スマートフォンから得られる測位衛星からの情報を用いて、交差点における自動車の右折、左折、直進の各方向別の通過時間、通過台数を推定しています。通過時間は30秒単位で推定でき、青、緑、オレンジ、赤で渋滞の状態を可視化できます。この情報にもとづいて、渋滞回避ルートなどを分析し、短縮時間、走行距離、走行料金（高速、有料道路などの料金）などを評価することが可能です。これにより、時間短縮、ガソリン代などのコスト削減などに繋げることができ、また渋滞緩和や事故発生の予防などの対策を講じることを可能にします。

　凸版印刷は、「ストリートミュージアム」という旅行者向けアプリサービスを開始しています。スマートフォンにダウンロードした旅行者の衛星測位の情報から、位置情報（所在地）をスマートフォン上の地図上に表示します。その地図を頼りに旅行者は、観光スポットへ移動しま

す。

また、観光スポットに到着した際、衛星測位の情報にもとづいて、現存しない城郭や産業遺産などの史跡を、高精細かつ色鮮やかなVRコンテンツで再現することができます。

宇宙×仮想現実（VR）

衛星データと仮想現実（VR）を組み合せる取組みは、各国で行われています。

2016年9月8日、オランダのベンチャー企業Manus VR社は、NASAの宇宙飛行士の訓練で同社のVR技術を活用している様子を動画で公開しています。

Manus VR社の製品であるManus VRは、現実の手の動きと、VRの手の動きをリンクさせることができるVRコントローラーです。

NASAは、国際宇宙テーション（ISS）をVRで再現し、宇宙飛行士に対して、その環境を使用した訓練を行うことで、実際にISSに行かずとも、現実感のある訓練を宇宙飛行士に提供することを目指しています。Manus VRは、宇宙飛行士の訓練用の特殊環境のものとして使われていますが、今後B2B、B2CのVRも開発していくといいます。

2017年9月25日、ゲーム・プラットフォーム事業を手掛けるGREEは、仮想現実（VR）及び拡張現実（AR）を使ったコンテンツ制作において、衛星データの新規利活用に向けてJAXAと連携すると発表しました。

第1弾として、JAXAの人工衛星である全球降水観測計画／二周波降水レーダ「GPM/DPR」で観測した降水データを利用して、VRコンテンツ「世界一の雨降り体験VR」を開発しました。

測位衛星を使って農機を自動運転、農作業効率向上

大手農機メーカーは、自動運転農機の開発を手掛けています。2017

年1月に、クボタは高精度で無人走行できる次世代農機のトラクター、田植え機、コンバインの3機種を公開しました。GPSを活用し自動運転を実現します。

　測位衛星から測位信号を受信し、農機の正確な位置を把握することで農地内を正確に自動で移動することができます。夜間に、田植えや稲刈りなどの農作業を自動で行えるなどのメリットがあります。この自動運転農機には、高精度測位技術のほかにも、正確な農地の地図情報、障害物を認識するセンサー系、人工知能（AI）などが必要です。

　ドローンも農業分野での活用が期待されています。ドローンについても測位衛星からの測位信号により自動で運行することで、農作物の肥料、農薬、水などの散布に利用されています。

　自動運転農機やドローンに代表されるスマートIT農業の国内市場規模は、2016年の約60億円から2020年には300億～700億円になることが予想されています。

　今後は、GPSのみならず、PFI事業で進められている日本版GPS「準天頂衛星システム」によるセンチメートル級測位補強サービスなどを活用した取組みが、ますます増えるでしょう。

物流×宇宙

　2017年4月、西濃運輸は、スマートフォンのGPS機能を活用して、配達時の車両の位置情報を提供する「いち知る」サービスを法人向けに開始しました。

　このサービスは、荷物などの配送状況について、「現在配達中です」や「20分ほど遅れています」など、お届け状況の確認が時間も含めて表示されます。また、スマートフォンやパソコン上の地図において、現在の車両の位置情報を可視化することができます。配達予定の荷物の問い合わせを行うと、現在の車両の位置と配達予定時刻がワンクリックでわかるという仕組みで、85％の顧客から好評を得ているといいます。

第5章　NewSpaceのビジネスは始まっている

　2017年2月21日には米大手運輸会社UPSがフロリダ州のタンパで、GPSなどの測位衛星を活用したドローンによる配達を実施したと報じています。UPS社は、2016年9月にも同様のテスト飛行を行っており、医薬品を離島に届けることに成功しています。

　今回使われたのは、屋根部分が開閉する配達トラックで、運転手は車内で小包をドローンにセットし、タブレットでボタンを押すと自動飛行して配達目的地へと向かうものです。配達員が個別に配達するより、人間とドローンの共同配達の方がより迅速かつ多くの配達が可能になるといいます。UPS社には約6万6000人の配達員がいますが、配達員1人につき、移動距離を1マイル（約1.6キロ）省けると年間5000万ドルのコスト削減になるそうです。これは昨今物流業界でいわれる「ラストワンマイル」の配送における課題です。特に配達目的地の間の距離が離れている地方などでは配達コストが高くつくため、ドローンが役に立ちそうです。

　法制度面では課題があります。このドローンによる配達実験では、UPS社はどこかに監視者を配置して実施したといわれています。現状米国の法律では米国連邦航空局（FAA）から許可を得ないドローンの飛行には、監視者が必要となるため、コスト削減になりません。

　中国、フランスなどでは既に地方でドローン配達が実施され、日本でも日立造船やイオンなどがドローン物流に関する実証実験を実施しています。

　昨今、物流業界の過酷な労働環境や人材不足などがニュースで取り上げられています。物流事業での課題を少しでも解決するべく取組みを開始した、物流と宇宙ビジネスを掛け合わせたよい事例です。

　このサービスにより、問い合わせの電話件数を削減し、電話応対の業務改善を行うこと、配達状況がわかることにより顧客に安心感を与え業務品質向上に結びつくことなどが考えられます。また、このデータを蓄積して、配達の最適ルートなどを自動で割り出し、入社間もないドライ

バーや、精通していないエリアでの配達業務もスムーズに実施できるなど、人材育成、人材確保の観点でも有効といいます。

即時配達と時刻指定という消費者のニーズと、自社の労働環境の改善を迫られるというミスマッチが起きている物流業界で、人工衛星による測位情報という宇宙技術を活用することで解決に取り組もうとする、素晴らしい事例と筆者は考えています。

5.7 技術を活かす、日本の宇宙ビジネス

シャープの新しいフラットアンテナ

2015年8月、シャープは、米国 Kymeta 社と、移動体衛星通信の低コスト化と信頼性向上に資する、新方式のフラット型衛星アンテナを共同開発しました。

船舶、飛行機、車両などに搭載されている人工衛星用のアンテナは、パラボラ式のアンテナで衛星を追尾するために可動式であるのが一般的です。新しいフラットアンテナは、可動部なしに人工衛星からの信号を受信できるため、構造が簡素化でき、小型で、高信頼性であるのが特徴です。円形の薄型ガラスを積層した構造であり、シャープの得意技術である液晶パネルと類似しています。そのため、シャープの液晶工場の製造ラインやそのノウハウを有効活用できます。

このシャープと Kymeta 社のフラット型衛星アンテナは、トヨタ自動車の MIRAI の実験車にも搭載されました。2015年1月のデトロイトオートショーで公開されました。

従来の人工衛星用のアンテナは、パラボラ式のアンテナですが、自動車のような移動体は、東西南北にめまぐるしく方向が変わり、また地形の起伏により自動車の車体に傾斜が生じるため、人工衛星からの電波を追尾するためにアンテナの可動機能を具備するなど、コスト高で短寿命となる技術を活用してきました。しかしながら、この液晶技術を活用したフラット型衛星アンテナは、その必要はありません。また、車体のデ

ザイン性も優れたものになることも特徴です。

近年、IoT技術、ICT技術、人工知能（AI）などを活用し、大容量のデータを高速に的確に分析、処理する自動車のコミュニケーション技術が盛んです。コネクティッドカーや、最近では、V2X（Vehicle to X）という言葉が使われます。この大容量データを活用するには、5G（第5世代移動通信システム）が必要不可欠ですし、エッジコンピューティング技術、SDN/NFVなどのネットワーク仮想技術、AIも必要不可欠でしょう。衛星通信は、同報性、広域性、耐災害性、秘匿性に優れたものです。この衛星通信技術のメリットとIoT技術など最先端技術をうまく組み合わせることで、利便性や安全性の高い通信社会が近い将来創造されるでしょう。

キヤノンの回折格子による光学センサーの小型化

キヤノンは、実用的なGe（ゲルマニウム）イマージョン回折格子の開発に成功しています。この回折格子の開発により、衛星関連の技術にとって大きなメリットが生まれる可能性があります。これは地上の天文台などに設置されている大型望遠鏡を、人工衛星に搭載できるサイズまで小型化できる技術になります。大型望遠鏡に搭載されている高分散の赤外線分光器と同等の性能を持ちながら、分光器の体積をおおよそ1/64まで減らすことができます。

リモートセンシング衛星で高い分解能を得るためには、高性能の分光器が必要ですが、回折限界などの物理的な制限から大きな構造物が必要になってしまうのが実情です。宇宙ビジネスのリモートセンシング分野の市場において、高分解能のリモートセンシング画像のニーズがある限り、大型衛星の需要がなくならないのはこのためです。

この技術開発は赤外線の波長領域でのリモートセンシング分野に限った話ですが、他の波長領域に対してもこのような技術開発が進めば、大型のリモートセンシング衛星を小型化へと導くブレイクスルーとなるか

もしれません。

栗田工業の宇宙ステーションでの水循環システム

　宇宙ステーション、惑星移住など、人が宇宙空間で生活していくためには、水は必要不可欠です。栗田工業は、JAXAと共同で「次世代水再生実証システム」を開発しています。このシステムは、人間の尿を飲用できるレベルまで再処理するシステムです。

　この再処理では、まず、尿に含まれるCa成分やMg成分をイオン交換により除去します。その後、栗田工業が独自開発した特殊な電極で、尿内の有機物を電気分解します。そして、電気透析によりイオンを取り除くことで、尿を飲料水レベルまできれいにすることができるとのことです。従来の国際宇宙ステーション（ISS）で使われている水再生システムに比べて、85％以上の高い再生率で、しかも1/4のサイズ、1/2の消費電力、メンテナンスフリーと性能向上がみられるシステムです。

宇宙食の発展

　NewSpaceは、エレクトロニクス、メカニクスに関する技術革新やビジネス革新ばかりではありません。宇宙食についてもNewSpaceでは様々な動きがあります。

　2017年8月、亀田製菓はISSに滞在する宇宙飛行士がおやつとして食べる「亀田の柿の種」を宇宙食としてJAXAに申請し、承認を得ました。「亀田の柿の種」は、日本のおつまみを代表するロングヒット商品です。

　この宇宙食としての「亀田の柿の種」は、90 mm × 90 mm × 40 mmの専用のトレーに入っていて、蓋を繰り返し開封できるように、ベルクロ（マジックテープ）がついており、無重力である宇宙空間でも散乱しないような工夫がなされています。

　宇宙食として認定されるためには、宇宙日本食認証基準をクリアしなければなりません。この基準には、宇宙日本食を製造する設備に対する

要求、食品に対する要求、容器包装に対する要求、ラベルに対する要求などがあり、認証を取得することは容易ではありません。亀田製菓は、3年の歳月をかけて宇宙食として開発したといいます。

コーヒーメーカーを製造・販売するイタリアLavazza社は、ISSで、世界で初めてエスプレッソコーヒーを提供したと報じました。イタリアLavazza社のエスプレッソマシーンは、NASAとイタリア宇宙機関（ASI）とで共同開発され、ISSにちなんで、「ISSpresso」と名付けられました。

ISSpressoの開発期間は、約18ヶ月と短期間です。一般に宇宙用部品やコンポーネントなどのフライト品として供するためには、宇宙機関から厳しい認定を受ける必要があり、要する期間は数年が一般的です。今後、無重力環境において、エスプレッソだけでなく、他のホットドリンクの提供も検討しているとのことです。Lavazza社は、今回のエスプレッソコーヒーの提供により、無重力環境における流体力学に関する新しい知見を得るチャンスとして捉えているようです。

今後、一般人が宇宙旅行や惑星移住などで宇宙へ行くことがあたりまえとなるとき、"生きる"ための宇宙食ではなく、"おやつ"として楽しむための宇宙食も重要な要素となるでしょう。

宇宙×医療・健康

近年、ISSなどで宇宙空間という無重力環境下を利用した研究開発が行われています。

2017年3月、ヤクルトは、ISSでプロバイオティクスの継続摂取実験を実施することを発表しました。

ヤクルトは、2014年度からJAXAとともに、閉鎖微小重力環境下においてプロバイオティクスを継続摂取することにより、免疫機能及び腸

内環境に及ぼす効果に係る共同研究を実施しています。これにより、宇宙飛行士の健康や任務におけるパフォーマンスの維持、向上、これらの研究結果にもとづく地上でのプロバイオティクス研究の発展、地上での健康増進を目指しています。

　健康に関心のあるかたであれば、プロバイオティクスという言葉を耳にしたことがあるのではないでしょうか。プロバイオティクスとは、腸内環境を改善し、人などに有益な作用をもたらす生きた細菌やそれを含む食品のことだそうです。
　人間の腸内には、100種類以上100兆個の細菌が小腸の終わりから大腸の壁面に生息しています。その細菌の様相を「腸内フローラ」といい、人間の健康に大きな影響を与えているといわれています。腸内フローラは、美肌、ダイエット、大腸がん、さらには自閉症、認知症へも影響しているとさえ、いわれています。

　2016年11月、中央大学とJAXAは、動物医療において、輸血液確保の問題を解決する画期的な発明であるイヌ用人工血液「ヘモアクト－C」の合成と構造解析に、宇宙技術を活用して成功しています。
　この宇宙技術とは、JAXAのタンパク質結晶生成技術「Hyper-Qpro」です。ISSの日本実験棟「きぼう」で実施する高品質タンパク質結晶生成実験のために、地上での開発が進められている技術群で、宇宙で作成する結晶品質の向上効果を最大化することを目的としています。
　また2018年3月には、中央大学とJAXAは「きぼう」でのタンパク質結晶化実験によりネコ用人工血液「ヘモアクト－F」の開発に成功したと発表しました。
　動物医療の現場が抱える深刻な輸血液確保の問題を解決する画期的な発明であり、動物輸血療法に大きな貢献をもたらすものと期待されています。このイヌ及びネコ用の人工血液は、血液型に依存せず、長期保存

が可能です。また、いつでもどこでも使用できるものです。日本には、ペット用の血液バンクが存在しません。そのため、輸血療法が必要な重症の動物については、獣医が自らドナーを準備して輸血液を確保しているのが現状でした。ペット用の人工血液が動物病院内でいつでも供給できる体制が確立されれば、輸血の手続きは、大幅に簡略化されるでしょう。さらに保存の安定性に優れた製剤であれば、緊急時の対応も万全となります。

臨床利用を目指したヒト用人工酸素運搬体の開発は、1990年代から欧米、日本において開始されました。しかし、副作用（血管収縮に伴う血圧上昇）などの理由から未だ実用化には至っていないようです。今回の研究成果は、イヌまたはネコ用の人工血液ですが、ヒト用の人工血液に向けた研究も進行中とのことです。

宇宙技術を利用することで、一見宇宙と無関係にみられる医療市場に付加価値を生み出している「宇宙×医療・健康」のよい例と筆者は考えています。

宇宙における居住空間は、非常に狭く、特殊で、あらかじめ用意しておける医療機器の数、大きさ、重量は制限されます。必要に応じて機器や部品が迅速に作成できる技術が確立すれば、将来の宇宙での居住活動において、安全と安心の向上、医療技術の向上に繋がるでしょう。

5.8　異分野、ベンチャー、老舗企業の挑戦

サービス全般を揃える NewSpace 時代の宇宙商社

Old Space の時代から、宇宙ビジネスにおける商社の機能としては、宇宙、航空、防衛に関する機器や部品などを海外から輸入し、代理店販売する商社が存在します。また、海外において、宇宙ビジネスとしてプロジェクトを立ち上げて、事業化を目指したり、事業を実施したりする商社も存在します。これは、宇宙ビジネスの分野に限ったことではあり

ません。

　近年、New Spaceの時代に入って、宇宙ビジネスの商社の機能を果たすべく立ち上げられた日本の宇宙ベンチャーが存在します。Space BD社です。Space BDのBDは、Business Developmentの略です。
　Space BD社は、現在の宇宙ビジネスにおける課題について、以下を挙げています。小型衛星の需要が大幅に伸びることが予想されていますが、それに伴い必要となるはずの小型ロケットの市場は、小型衛星のそれに比べて追いついておらず、大型衛星による相乗り打上げが大部分あること、ロケット、人工衛星の両方で、開発以外の工程で企業が負う負荷が大きすぎることです。
　これらの課題に対する解決策として、小型ロケット及び小型衛星の事業をマッチングする機能と打上げに係る技術調整、安全審査、輸送（輸出入）、契約といった必要業務のアウトソーシングを受ける機能を有する宇宙商社として立ち上げました。
　2017年10月に、Space BD社は、ベンチャーキャピタルであるインキュベイトファンドから1億円の資金調達に成功しています。

思いをかなえる宇宙葬ビジネス

　人間は、死後に遺骨を海に撒いてほしいなど、思い出の場所や非日常的な場所に、自身を重ねたいという欲求があります。
　そのような思いをビジネスにしたのが、宇宙葬ビジネスです。宇宙葬ビジネスを手掛けるのは、米国Elysium Space社です。Elysium Space社の宇宙葬ビジネスには、流れ星供養と月面供養の2種類があります。
　流れ星供養は、次のようなサービスです。遺骨が入った宇宙葬衛星（小型衛星）を数日〜数年かけて地球を周回させます。専用の無料のスマートフォンアプリにより、人工衛星の現在地や壮大な宇宙からみた地球の姿を、リアルタイムで表示することができます。人工衛星は最終的

に大気圏に突入し、流れ星となり、夜空をみて遺族、友人が故人を偲ぶというサービスです。価格帯は30万円とのことです。

　月面供養は、故人の遺灰の一部をカプセルに収めて、月面着陸船で輸送し、安置するサービスです。米国Astrobotic Technology社と連携するようです。月面の北東の方向に着陸し、着陸船はそのまま墓標として月面に残るといいます。価格帯は、120万円とのことです。

　宇宙旅行など宇宙ビジネスにおいてB2Cのサービスは、富裕層をターゲットとしたものが多いですが、宇宙葬は、一般人でも手が届かない価格帯ではないため、ニーズに応じた市場規模に成長するでしょう。

国際宇宙ステーションからの360度VR映像

　2016年11月、ロシアの放送局RT（Russia Today）は、国際宇宙ステーション（ISS）からのVR映像を公開しています。そのVR映像は、ISSからの地球やISS内部を撮影した映像です。ロシア宇宙機関（Roscosmos）と、ロケット製造などを手掛けるロシア宇宙産業の中核企業エネルギア社が、共同で実施したものです。「Space 360」と呼ばれています。

　このVR映像は、Google Play、App Storeで入手できるGear VR向けモバイルアプリ「RT360」として利用できるほか、YouTubeでも見ることができます。また、ロシア語、英語、スペイン語、フランス語、ドイツ語、アラビア語の6か国語に対応しています。

次世代の屋内測位ビジネス

　日本では、日本版GPSとしてアジア太平洋地域に「準天頂衛星システム」を整備し、まずは日本限定ですが、センチメートル級の高精度の測位サービスの提供を開始しようとしています。測位衛星の信号は、"外"でしか受信できないため、屋内などでは、受信できず測位ができません。そのため、JAXAは、測位のシームレスな環境構築のために、

屋内測位システム IMES（Indoor MEssaging System）を開発しました。屋内測位は宇宙ビジネスではないと主張する読者もいることも、筆者は理解しています。しかし、GPS 衛星には、PRN 番号と呼ばれる識別番号が米国の GPS 運用管理機関によって割り振られており、IMES の送信機にも PRN 番号が付与されています。そのため、この取組みは、筆者は宇宙ビジネスに関係するとして紹介することにしました。

　2017 年 2 月、リクルートテクノロジーズは、高精度の屋内測位技術の実用化に向けてイスラエルのベンチャー企業 infuse Location 社と共同で検証を開始しています。
　リクルートテクノロジーズが利用する屋内測位技術は、従来の方式とは異なる infuse Location 社の独自技術で、誤差が平均 3m 程度と小さく、測位用ハードウェアの設置が不要である点で優位性があるとしています。この屋内測位技術は、イベントなどでの活用を見込んでいるようですが、具体的には例えば大規模屋内イベントなどで来場者の流動把握や誘導への利用があります。スマートフォンにアプリをダウンロードして利用できます。無線 LAN（Wi-Fi）、GPS 受信機、地磁気センサー、ジャイロセンサーなど、スマートフォンに搭載されている複数の通信モジュールやセンサーを組み合せて測位します。事前にイベント主催者が会場内での座標と各種電波強度やセンサーの実測値などを記録し、キャリブレーションを実施します。

超小型衛星キットの登場、進む低価格化

　2016 年 2 月 3 日、日本の宇宙ベンチャー企業である、スペースシフトは、超小型衛星キット「ARTSAT KIT」の発売を開始しました。
　この超小型衛星は、東京大学と多摩美術大学の共同プロジェクトとして作られた「ARTSAT1：INVADER」をベースとして開発された人工衛星キットです。
　「ARTSAT：INVADER」は、10 cm 立方の大きさを持つ超小型衛

星で、2014年2月28日にH-IIAロケット23号機で打上げられ、約6ヶ月の軌道上実績があるとのことです。

この超小型衛星キットの目的は、人工衛星がどのように設計され、製作されるのかを理解してもらい、少しでも多くの人に興味をもってもらいたいという思いから立ち上げられたプロジェクトです。

2016年2月1日、一般社団法人筑波フューチャーファンディング（TFF）は企業と共同でベンチャー支援チームを結成し、1億円から3億円かかるといわれる人工衛星を最低50万円で製造できる技術を開発した亀田敏弘研究室の事業立ち上げ、低価格人工衛星の開発、販売事業を推進していくと発表しました。

50万円で製造できる人工衛星は、徹底した民生部品の利用の他、大学研究室にはない特殊な設備を有しているDMM.make AKIBAなども活用するといいます。この事業には、ライトアップ、DMM.com、バリュープレス、イトーキ、アリベルタ共同会計事務所、筑波大学が参加しています。

超小型衛星の製造コストの低価格化に対して、様々な取組みがなされています。超小型衛星は、信頼性や品質などはほどよい設定レベルとすることで、低コスト化ができるという点がメリットですが、残る課題は、超小型という規模でも事業を成立しうるミッション能力の向上ではないかと筆者は考えています。

芸能プロダクションの宇宙ビジネス参入

2017年3月、芸能プロダクションのオスカーグループは、芸能界初となる宇宙ビジネスへの参入を発表しました。オスカーグループに、宇宙戦略プロジェクト宇宙事業開発本部を発足しました。オスカープロモーションは、人気芸能人が多数在籍する芸能プロダクションの最大手の1つです。

Part 2　宇宙ビジネス第三の波

　オスカーグループは、1990年代のインターネット黎明期にいち早く公式ホームページを開設したり、ネットオーディションやオンデマンド画像配信の実験を実施したり、Facebook、LINE、TwitterなどのSNSとネットコンテンツを有効活用するなど、常に時代の最先端技術を取り入れてきた芸能プロダクションです。

　オスカーグループは、宇宙ビジネスに対して、次のような見解を示しています。

- 宇宙旅行が現実味を帯びてきたり、宇宙を舞台としたテレビCMが散見されるなど、宇宙は着実に身近なものとして私たちの生活に浸透し、一般的になりつつある
- 芸能界初となる取組みとして、宇宙ビジネスを大きくサポートしていく
- 空想力で未来を切り開くことこそ、エンターテインメント企業である私たちの使命であると考えている
- 国際宇宙ステーション内や、次世代の宇宙関連輸送機（宇宙エレベータや宇宙旅行機）や宇宙ホテルなど、宇宙空間におけるエンターテインメントコンテンツの充実を図ることは今後早急に必要なものとなる

　一般的な宇宙ビジネスは、高い科学技術を大成しなければ成立せず、その大成には、多大の時間とコストがかかります。大成したとしても失敗のリスクが伴い、そのために多くの企業が宇宙ビジネスへの参入に躊躇していることは否定できません。

　しかしながら、New Spaceにおける宇宙ビジネスは、高い科学技術を必要としたり、高い事業リスクを有したりするものばかりではありません。オスカーグループが進める宇宙ビジネスは、エンターテインメントの分野であり、この分野は、高度な科学技術の大成がなくても、発想豊かにビジネスの世界を拡張することができます。エンターテインメント分野の有する強みは、夢や希望というイメージの強い宇宙との親和性

が高く、宇宙ビジネスを快適に、かつ興味深く、さらに壮大なものに導いてくれることが期待できます。

スカパーJSATの低軌道衛星向けビジネス

スカパーJSATは、1989年のサービス開始以来、静止軌道上に現在17機にも及ぶ通信衛星を保有し、静止衛星による通信・放送ビジネスを展開する日本を代表する企業です。世界の衛星通信事業において、ルクセンブルクのIntelSat社、SES社、フランスのEutelsat社、カナダのTeleSat社に次ぐ売上高を誇る世界有数の衛星通信事業者であり、アジアNo.1の通信事業者です。

スカパーJSATは、老舗企業のなかで、新規事業組成の取組みに力を入れている企業の1つです。2015年9月には、日本の宇宙ベンチャー企業、アクセルスペースに出資しています。2016年6月には、産業用ドローン企業であるエンルートを子会社化しています。

2016年9月5日、スカパーJSATは、低軌道衛星向け地上局サービスを開始することを報じました。2017年5月11日、米国の低軌道通信衛星事業者、LeoSat Enterprises社と戦略的パートナーシップについて合意し、出資することを決定しました。スカパーJSATは、将来的に、大きく発展を遂げる人工衛星の小型化と、低価格化が進むであろう衛星打上げサービスの拡大を鑑みて、今後、大きな成長を遂げる可能性があるとして、低軌道衛星ビジネスに注目しています。

水中ドローンによる海洋×宇宙ビジネス

スカパーJSATと筑波大学発ベンチャー企業、空間知能化研究所は、水中ドローンと衛星通信ネットワークを使い、海水中の映像を配信するサービスを開始するといいます。そのため2016年10月に、伊豆半島須崎沖にて水中ドローン（Remotely Operated Vehicle、以下ROVという）のサービス実証実験を実施し成功しています。

ROVは、遠隔操作で、水中を自由に動き回ることができ、浅海から

深海まで海中の地形、海洋生物、人工構造物など様々な様子をフルハイビジョンカメラで撮影することができます。映像は、光ファイバーにより海上の調査船へ伝送され、スカパーJSATの所有する衛星通信回線を経由して地上のデータセンターまで伝送されます。今回の実験では、水深約145mの海底の状況や海中の生物の様子を、調査船とデータセンターを通じてリアルタイムで見ることができ、伝送したデータをクラウド上でアーカイブすることができることも実証しました。

この宇宙ビジネスは、全国の養殖産業などの関係者へのヒアリングを重ねた結果、生まれたものです。海洋調査の効率化、海洋空間のデータ化などの新規事業領域にも取組み、海洋、なかでも水産業における新しい産業創造に取り組んでいくといいます。海と宇宙を活用し、融合させた新規ビジネスといえます。

5.9 中国は宇宙強国を目指す

近年、中国の宇宙ビジネスに係る取組みは、目覚ましいものがあります。ロケットによる人工衛星の打上げ回数、宇宙旅行機の開発など、国家の政策の意味でも、宇宙大国の一員としての地位を確立しつつあるといえます。

2017年10月18日、中国共産党第19回全国代表大会（第19回党大会）が開催されました。5年に1度開催される党大会では、今後の中国の経済などの指針が報じられ、世界各国の政府や経済界が注目します。

この第19回党大会で、中国の宇宙ビジネスについて報じられました。国家航天局（CNSA）の下でロケット、人工衛星、有人機などの開発・製造を担う中国航天科技集団公司（CASC）の董事長で党組書記の雷凡培氏が、会見を行いました。

中国は2020年までに軌道上を飛行する宇宙機を200機以上保有し、年間のロケットの打上げ回数は30回前後にするようです。現在、米国とロシアの年間のロケットの打上げ回数が30回から40回ですので、

それと同水準を目標としています。

その他にも、中国初の宇宙ステーションの建設と稼働、月のサンプル収集と帰還、火星着陸・探査の実現、衛星測位システム「BeiDou」及び高分解能地球観測システムの整備完了、大型ロケットの研究、通信・測位・リモートセンシング衛星を中心とする民間宇宙インフラの整備などの目標を掲げています。

宇宙の技術水準においては、2030年にはロシアを抜き、世界の宇宙先進国、別のいいかたをすると宇宙強国の仲間入りを果たすことを目指しています。2045年には、宇宙ビジネスの重点分野において、米国と肩を並べて、宇宙強国を全面的に建設していくとのことです。

2017年11月、中国航天科技集団公司は、海上のロケット打上げサービスを2018年に向けて計画中です。現在中国では、4大ロケット打上げ場として、酒泉、太原、西昌、文昌がよく知られています。中国は、海上に面している地域は人口が多く、打上げには適さず、また赤道にも近くなく、好立地の打上げ場所は多くありません。

また、中国航天科技集団公司は、将来のロケット商用サービスには、打上げの低コスト化と短期間化がキーになると考えています。この課題と将来ニーズを鑑みて、海上打上げサービスを研究しているのです。1万トン級の一般貨物船を改造し、固体燃料ロケットによるロンチサービスの実施を計画しています。

2017年11月、中国航天科技集団ロケット技術研究院は、ロケットなどの輸送機開発のロードマップを発表し、主力ロケット「長征」シリーズの長期計画を示しました。計画では、2020年までに低コストの中型ロケット「長征8号」を実現させ、全世界に向けて商業衛星打上げサービスを提供する計画といいます。

また、2025年頃にはサブオービタル宇宙旅行を可能とし、2030年頃には大型ロケットの開発を完了させ、有人月面着陸や月、火星などの惑星での資源採集と地球への資源リターンに必要な能力を提供し、2035

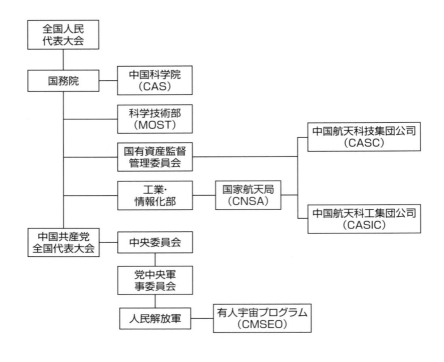

中国の宇宙ビジネスの体制図

年頃には、ロケットの完全再利用化を実現するといいます。2040年には、原子力を推進力とするスペースシャトルを製造予定といいます。

2017年11月、中国航天科技集団公司は、宇宙太陽光発電所の建設について言及しています。中国では10年以上研究開発を進めており、2008年から正式に宇宙太陽光発電所の建設を国家の政策の1つとして打ち立てています。そのため、フラット非集光型、2次対称集光、多回転関節、球面エネルギー収集アレイなど多岐にわたる集光方法の研究が進められているようです。宇宙空間に建設される大規模な太陽電池は、

1GWから5GWの出力を得られ、これが原子力発電所数基分に匹敵します。宇宙太陽光発電所は、地球上と異なり、昼夜や気象による日照の変化の影響を受けないというメリットがあります。しかしながら、電力を宇宙から地球へ送る技術において、例えば、受電素子などの開発が開発途上の状況です。

中国は、米国と同様に宇宙ビジネスにおいても、規模の経済が働きやすい事業環境にあります。ここが大きく日本と異なる点です。中国は、さらに多くの壮大な構想を打ち立てて、宇宙ビジネスで世界トップを狙う存在になるのはそう遠くないかもしれません。

以降では、中国の現在の宇宙ビジネスの取組みの最新事例を紹介します。

中国版宇宙ステーションの整備

中国は、宇宙ステーションの建設に向けた取組みを開始しています。2011年9月、2016年9月と無人宇宙実験室「天宮1号」、「天宮2号」を打上げました。

ニュースで耳にしたかたも多いかもしれませんが、天宮1号は、制御不能となり、大気圏に突入する際に一部が燃えつきず地表面に落下することが懸念されていました。2018年4月2日、南太平洋上で大気圏に再突入し燃えつきたと中国当局などが伝えています。

天宮2号は、全長10.4m、重量8.5トンであり、ゴビ砂漠にある酒泉衛星発射センターから長征2号Fロケットで打上げられました。この天宮2号の打上げに続いて、2人の宇宙飛行士が搭乗できる「神舟11号」を天宮2号にドッキングさせました。中国人宇宙飛行士は、天宮2号に約1か月間滞在し、医学、物理学、生物学といった分野の実験のほか、量子鍵伝送、原子時計、太陽風の研究も行われていると伝えられています。

この中国独自の中国版宇宙ステーションについて、中国政府は、国連

と提携して進めていくことで合意しています。

　一方、中国独自の宇宙ステーションの建設には、したたかさも感じられます。中国版宇宙ステーションの運用開始時期は、2024年まで運用継続を表明しているNASAなどの国際宇宙ステーション（ISS）の運用が中止される時期に重なる可能性があります。中国は、ISSに関係する欧州諸国に対して、誘いをかけているとの報道もあります。

　これにより、中国が、宇宙ステーション分野について、米国に代わってイニシアティブを取る時代が到来するかもしれません。

中国版GPS北斗（BeiDou）

　世界には、複数の衛星測位システムが整備されています。例えば、カーナビゲーションを利用するときによく耳にするGPSはそのうちの1つです。GPSは、米国が整備する測位衛星群です。欧州には、Galileo（ガリレオ）、ロシアにはGLONASS（グロナス）、インドでは、IRNSSと呼ばれる衛星測位システムが整備されています。日本も2020年に向けて、準天頂衛星という衛星測位システムを整備し、サービスを開始しようとしています。既に4機が軌道上にあり、一部のサービスは利用可能です。

　そして、中国も北斗（BeiDou）と呼ぶ、衛星測位システムの整備を進めています。GPS、Galileo、GLONASS、北斗（BeiDou）は、20〜30機ほどの衛星を打上げることで地球全土に対して測位信号を降らせます。準天頂衛星とIRNSSは、自国とその周辺国地域を対象に測位信号を降らせます。

　衛星測位を活用した宇宙ビジネスは、今後拡大することが予想されていますので、宇宙先進国は、こぞってこの整備に躍起になっています。安全保障上も重要な位置づけとみなされています。

　中国には、その北斗（BeiDou）を活用したサービスを展開する企業も存在します。例えば、千尋位置ネットです。中国最大の軍需企業の中国兵器工業集団とネット通販最大手のアリババグループが、約370億

円を出資し、設立しました。

　2015年9月10日に発表された中国衛星導航定位協会の2014年の「中国衛星測位と位置サービス産業白書」によると、車両装備市場は、日本円にして約2兆円規模、個人向け測位機器は、約60億円の規模に達したといいます。

中国のリモートセンシングの取組み

　CHEOS（China High-resolution Earth Observation System）は、光学衛星とレーダー衛星のコンステレーションを有する地球観測衛星システムです。防災、気象、林業、農業などに活用します。地球観測衛星「高分1号」、「高分2号」、「高分8号」、「高分3号」の順番に打上げられており、全て周回軌道に投入されています。「高分4号」は静止軌道に投入されています。2015年12月に打上げられた地球観測衛星「高分4号」は、世界一の分解能を有している静止衛星といわれています。その分解能は可視光で50m、中波赤外光で400m、1億画素数の可視光のセンサー、100万画素数の中波赤外線のセンサー、大アレイ擬視型イメージングシステム、中波赤外線・可視光の同時使用という光学設計といいます。ちなみに地球観測衛星の「高分」は高い分解能をもつ衛星という意味です。

　中国のTwenty First Century Aerospace Technology社は、1m分解能を有する小型衛星「TripleSat」3機から撮像する高分解能の画像の提供サービスを実施しています。TripleSatは、英国のSurrey Satellite Technology社で製造、運用され、撮像するリモートセンシング画像をTwenty Century Aerospace Technology社が一括購入する契約を締結しています。

　小型衛星で、1m分解能のリモートセンシング画像を撮像できる点について詳細は不明ですが、この3機の衛星により中国の特定の場所を約30分周期で確認できるそうです。このリモートセンシング画像は、

Google Earth のように画像を容易にズームイン、ズームアウトすることができるなど操作性に優れ、ユーザのニーズを踏まえた仕様となっています。

Twenty First Century Aerospace Technology 社がこのリモートセンシング画像を活用する目的は定かではありませんが、このようなリモートセンシングビジネスは、地球上の監視、観測したいある地点を定期的な頻度で確認したいというニーズに最適です。

小型衛星による高分解能の詳細は、さておき、小型衛星を活用することで、コスト上、これまで地球規模でしか採算が合わなかったような地表の監視が、限定的な地域の監視でも採算が合うようになって来ています。航路の障害物の有無、天候、海の状況などを確認したい海運業や、比較的短期間に作物を生育し、サイクルの早い農業などに活用できます。

20 人乗りの宇宙旅行機の開発計画

中国は、20人乗りの宇宙旅行機で宇宙空間まで上昇し、無重力飛行を経て地上に帰還するという、世界で最も多くの乗客を運ぶ宇宙旅行の構想を有しています。

この構想を発表したのは、中国最大のロケット製造事業者の中国運載火箭技術研究院（CALT）です。

CALT の宇宙旅行機は、有翼型で機体の後方部にロケットエンジンを搭載しています。固体ブースターなどの補強エンジンは使わず、液体メタンと液体酸素を使用するエンジンです。

打上げられた機体は、最大速度マッハ6に達し、高度100 km 程度まで上昇し、2分間の無重力飛行を行います。今後は、さらに推力の増強を行い、無重力飛行の時間を延ばしていくといいます。無重力飛行後は、グライダーのように滑空飛行で空港に着陸します。宇宙旅行機の大きさは、翼端幅が12 m、機体の重量は100トンになるといいます。この宇宙旅行機は、50回繰返し使用することが可能といいます。

中国、宇宙旅行ビジネスに参入

2016年9月、中国KuangChi Science社が、気球を大気圏との境界である高度24kmまで上昇させ、数時間滞在してから降下する「宇宙旅行」事業の技術実験を開始しています。中国KuangChi Science社は、中国東部の杭州市に拠点をもつ宇宙旅行事業に参入する企業です。

中国KuangChi Science社の飛行システムでは、気球プラットフォームCloud（云端号）が使われます。有人飛行では、このCloudから6人乗りのカプセルを持った気球型宇宙船「Traveler」を打上げて、高度24kmまで上昇させたあと、Travelerがその場に2～3時間滞在し、降下を始める予定だといいます。Travelerは、宇宙から降り注ぐ放射線、宇宙線を遮蔽できる機能も有しています。

しかしながら、厳密かつ専門的にいえば、"宇宙"の定義は、高度100km以上とされています。さらに、一般に専門家が"深宇宙"とみなすのは、地球周回軌道約500kmを超えた領域といわれています。このため、高度24kmというのは、宇宙といってよいのか、微妙ではあります。

惑星探査計画を意識したパルサー航法衛星

2016年11月、中国空間技術研究院（CAST）が、世界初となるX線パルサー航法衛星の打上げに成功しています。

このパルサー航法衛星は、CASTによって開発され、XPNAV-1と名付けられました。ゴビ砂漠の酒泉衛星発射センターからロケット長征11号によって打上げられました。

パルサーとは天体の1種で、高速で回転し、周期的な電磁放射パルスを発する中性子星のことです。パルサーは、高精度で安定した時間間隔での電磁放射をするため、この電磁放射を使った航法は、GPSの測位よりも高い精度を有するといいます。現在、パルサーの数は2000以上に達し、そのうちの約160は周期的なX線放射の特徴をもち、惑星探

査、惑星移住計画における深宇宙での航法の候補となります。

　CASTによると、パルサー航法衛星の重量は200kg程度で比較的軽量です。パルサー航法衛星の主な目的は、航法データベースの作成を可能とする26のX線パルサーからの信号を検出することです。この航法データベースの作成には5年から10年の月日が必要といいます。

　中国のパルサー航法衛星システムは、地上のナビゲーションを直接使用することはせず、パルサーを活用することで、深宇宙探査、宇宙船のナビゲーションを実施する予定です。これにより、将来の惑星探査、惑星移住計画などにおいて、高精度の位置・速度・時間・姿勢などナビゲーション情報サービスを提供できる可能性があり、世界に先駆けた取組みです。

　2018年1月、NASAもパルサーを利用した航法システムの実証実験「SEXTANT」に成功しています。

宇宙で使う3Dプリンターの開発

　2016年4月、中国科学院重慶グリーン・スマート技術研究院と中国科学院宇宙応用工学技術センターが共同で、中国初となる宇宙で使える3Dプリンターの開発に成功しました。

　この3Dプリンターは、ちょうど日本の家電でよくみられるドラム式洗濯機よりも少し大きなサイズをしています。

　この3Dプリンターで製作できる部品は、最大で200mm×130mmの断面の大きさで、NASAと米国ベンチャー企業Made in Space社が共同で開発し、世界初として国際宇宙ステーションに設置されている3Dプリンターが作成できるサイズの2倍以上に達するといわれています。

　これを2020年の建設を目指す中国の宇宙ステーションに設置し、部品交換、工具、治具の製作など宇宙ステーションの整備、メンテナンスに活用するといいます。

宇宙で使える3Dプリンターは、宇宙ステーションの建設やメンテナンス、月や火星などの惑星の宇宙基地の建設、宇宙でのローバーやロボットの製造にも利用できると有望視されています。

地球上で製造されたものを宇宙へ運ぶためには、ロケットなどの輸送機を頼るしかありません。しかしながら、ロケットに搭載するには、大きさ、重さ、強度などに制限が加わってしまいます。一方、宇宙空間において、3Dプリンターで部品、部材を製造できれば、上記の制限はなくなり、宇宙ビジネスの幅も大きく広がることでしょう。

「柔よく剛を制す」日本の進むべき道

　第4章、第5章を読んでいただき、NewSpaceと呼ばれる時代について、何を感じ取っていただけたでしょうか。

　欧米は、NewSpace時代においても従来にはなかった新しいことをどんどん計画し、実行し、実績を積んでいます。そのビジネスは、豊富な資金力と意思決定力のもとに成立しています。欧米の老舗企業もベンチャー企業も"力技"でビジネスを成功させる、もしくは成功させようとしている感じがあります。

　筆者は、"力技"と表現しました。例えば、"力技"は、武道の分野で表現される「剛」と「柔」の「剛」をイメージしています。体格に恵まれた武道家は力で押して相手を攻める「剛」を利用するでしょう。一方、小兵は体格に恵まれていないため、力で押すことは現実的ではなく、「柔」で相手を攻めるのでしょう。一昔前の相撲業界での曙と舞の海の関係と似ていると筆者はイメージしています。

　よい例は、SpaceX社でしょう。Falcon 9 ロケットのブースターを垂直着陸させ回収、再利用するコスト削減策や、火星移住計画の構想などが該当します。これと同様の取組みを日本のどこかの老舗企業やベンチャー企業が実施することが可能でしょうか。筆者の答えは、完全に否定はできませんが、限りなく不可能に近いと考えています。理由は、資金調達力や意思決定力が欧米と違うことと、欧米のような宇宙ビジネスの市場環境が日本には存在しないこと、などがあります。仮にロケットの第1段部分の垂直着陸による回収のテストを日本で実施すると計画したならば、いくらの資金が必要なのか、どこにロケットの回収ポイントを設けるのか、年に何回実施するのか、どの人工衛星で実施するのかなど、意思決定にも多大な時間を要することでしょう。つまり、日本は、欧米の"力技"に対して、力技で返すのでなく、土俵を変えるなどの

"柔"の戦略がよいのではないでしょうか。

　経営戦略論では、勝ち目のない領域に商機を見出すことは非効率であるという理論もあることを、ご存知の読者もいらっしゃるでしょう。孫子の兵法でも同じです。戦う前に、まず敵をよく知る必要があり、そこで勝機があれば戦うこと、できれば戦わずして勝つことがよいとされています。クラウゼビッツの戦争論では孫子の兵法と逆の理論がありますが、それはさておき、商機のある領域で戦うことが日本のケースは、最もよいと筆者は考えています。

　日本は、"日本らしい"強みがたくさんあると筆者は考えています。例えば、アストロスケールのデブリ除去サービス、栗田工業の国際宇宙ステーション（ISS）での水循環システム、シャープのフラットアンテナなどはよい例ではないでしょうか。いずれも商機のある領域で戦っていると思います。

　繰返しになりますが、「米国、欧州に追いつけ、追い越せ」と真っ向勝負を挑み、勝利せよという世論が少なからずあります。筆者が、JAXAに在籍しているときの話ですが、休日に家族で科学館を訪れ、ロケットの模型を眺めていました。そのとき、同じくロケットの模型を眺めていた別のご家族のお父さんがご子息に「日本は中国に負けているからなあ」といっていたのが、今でも筆者は、印象深く記憶に残っています。これは裏を返せば、日本の国民から日本の宇宙ビジネスは、期待されている、ということです。

　欧米と同じ宇宙ビジネスの土俵でNo.1を目指すことも重要ですが、その領域は、国や宇宙機関に任せればよいと考えています。民間企業は、欧米と異なる領域でNo.1を目指す、もしくは、同じ土俵においてもOnly 1を目指す戦略もあるのではないでしょうか。

　宇宙ビジネスの分野は、過去から変わらないプレイヤーが、従来と同じやり方で長年実施してきたため、新しい発想が出にくくなっているだけです。日本人の国民性自体に、Only 1の要素が満載です。

Part 3
NewSpaceのビジネスモデル

第6章 多様化する宇宙ビジネスモデル

　ビジネスモデルとは、何でしょうか。世の中にはビジネスモデルをタイトルに掲げる書籍も多く出ています。しかしながら、筆者の理解では、広義、狭義で様々な意味が存在し、個々の専門家が独自の定義を決めており、一般的な定義が明確に定まっていないという印象です。

　本書では、ビジネスモデルとは、そのビジネスにおけるプレイヤーを明確にし、プレイヤー間で提供もしくは授受するモノ・サービスと金銭の流れとその構造と定義します。

　従来からみられた宇宙のビジネスモデルの多くは、官が人工衛星やロケットの開発を民間企業へ発注する事業でした。しかしながら、現在、NewSpaceと呼ばれる時代に突入し、ベンチャー企業や企業連合などが、B2B、B2Cの様々なビジネスを世に出し始め、ビジネスモデルも多様化し始めてきています。

　読者の間には、他の業界でみられるビジネスモデルと宇宙ビジネスでみられるビジネスモデルは何か違う点はあるのか、と思われるかたも多いと思います。

　両者のビジネスモデルは、大きく違いはありません。筆者は、NewSpace時代の宇宙ビジネスだからこそ、斬新なビジネスモデルを創出する必要があると伝えたいのではなく、宇宙ビジネスもようやくビジネスモデルが多様化するような時代が到来したという点と、民間企業のアイデア次第で宇宙ビジネスに参入できるチャンスが大いにあるという点を、認識していただくためにこの章を設けました。

　様々な業界で成功しているビジネスモデルを真似したり、取り入れたり、応用したりすることは、民間企業の宇宙ビジネスにおける新規事業創出にきっと役立つはず、と筆者は考えています。

　ビジネスモデルを可視化するために、ピクト図を参考としています。

ピクト図は、板橋悟氏「ビジネスモデルを見える化するピクト図解」(ダイヤモンド社)に掲載されており、有用です。

それでは、宇宙ビジネスのビジネスモデルを紹介していきたいと思います。

6.1 ハードウェア製造販売を中心とするビジネスモデル

官公庁・宇宙機関が調達するロケットや人工衛星の製造販売(G2B)

まず、最初にロケット、人工衛星といったハードウェアの製造、販売に係るビジネスモデルを紹介します。まず、G2Bのビジネスモデルです。一般に官公庁、宇宙機関は、公募により、人工衛星及びロケットの打上げを民間企業から募ります。しかしながら、人工衛星を製造できる企業、ロケットを打上げることができる企業は、日本で数社であり、寡占状態です。

衛星メーカーは、官公庁・宇宙機関より、お金をもらい衛星を製造し、納入します。衛星メーカーは、衛星を製造するにあたり、衛星に必要な電子機器を調達してきます。その電子機器などをコンポーネントと呼びます。また、衛星に必要な部品・部材がありますので、衛星メーカー及びコンポーネントメーカーは部品・部材メーカーへお金を支払い、部品・部材を調達します。コンポーネント、部品・部材を海外から調達する場合、商社を介する場合がありますが、煩雑になるため割愛しています。サブシステムを他の企業へ委託する場合もありますが、これも煩雑になるため、サブシステムメーカーとコンポーネントメーカーを同一としています。

人工衛星の運用についても、官公庁・宇宙機関は、民間企業を選定して、お金を支払い、運用などサービスを提供してもらいます。コンポーネントや部品・部材のメーカーは、非常に多くの企業が存在します。また、衛星製造において、熱真空試験、振動試験、音響試験、通信試験など様々な試験を実施します。この試験設備に関しては、設備の購入、も

Part 3　NewSpaceのビジネスモデル

しくは借用、運用、維持管理のビジネスが存在します。以上が、人工衛星のハードウェアG2Bビジネスです。

　ロケットについても同様です。ロケットの射場については、ロケットの打上げに係る電力供給や無線、電波に係る施設、水冷施設、ロケット打上げ後の射点の改修、維持管理などを実施する企業も存在します。

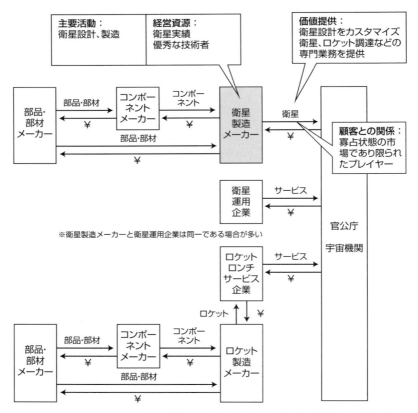

G2Bのハードウェア製造販売のビジネスモデル

（「ビジネスモデルを見える化するピクト図解」板橋悟氏（ダイヤモンド社）を参考に作成）

第6章 多様化する宇宙ビジネスモデル

ロケットや人工衛星の製造販売は G2B から B2B へ

　ロケット、人工衛星のハードウェアの製造販売のビジネスモデルは、G2B から B2B へと流れが変わってきており、様々なビジネスモデルがみられます。細かい相違点を列挙し出すときりがないので、一般的なものにとどめて次ページの図に示します。

衛星通信事業者のビジネスモデル

　世界の多くの衛星通信事業者は、静止軌道に静止衛星を打上げ、その経度下の地域に対して通信サービスを行います。世界の衛星通信事業者は、ルクセンブルクの SES 社、IntelSat 社、Eutelsat 社、日本では、スカパー JSAT などがあります。

　このビジネスモデルの特徴は、現時点までで、宇宙ビジネスにおいて唯一独立採算が取れる事業であることです。

　衛星通信事業者は、人工衛星の仕様を企画・立案し、衛星製造メーカーへ発注します。商用衛星であるため、日米衛星調達合意により国際調達をしなければなりません。そのため、日本の衛星製造メーカーは、米国、欧州などの多くの実績を有する衛星製造メーカーと競争することになります。

　また、衛星通信事業者は、ロケットの打上げサービスを実施してくれるロケットロンチサービス事業者を選定しなければなりません。ロケットロンチサービス事業者も世界には多くの実績を有する企業が存在しますので、日本のロケットロンチサービス事業者は、競争することになります。

　また、ロケットの打上げ失敗を担保するために、保険を付保する必要もあります。ロケットの打上げ保険の保険料率は、2003 年頃 20% を超える時期もありましたが、現在は 10% を下回っています。

　衛星通信事業者は、人工衛星を制御したり、通信したりするための通信設備を有し、自社で運用を実施します。

Part 3　NewSpaceのビジネスモデル

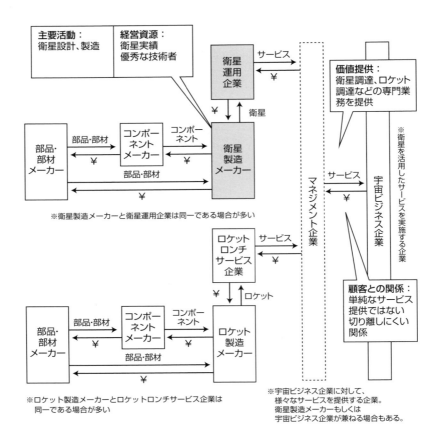

B2Bのハードウェア製造販売のビジネスモデル

(「ビジネスモデルを見える化するピクト図解」板橋悟氏(ダイヤモンド社)を参考に作成)

　さらに衛星通信事業者の法人向けの営業部門は、防衛、船舶、自動車、メディアなどの民間企業の顧客を獲得するために営業活動します。そして契約後に使用料を獲得します。また、消費者向けの営業部門も存在し、映画、ドラマ、アニメ、スポーツなどの衛星放送を放映し、受信料を徴取します。これが、衛星通信事業のビジネスモデルです。

第6章　多様化する宇宙ビジネスモデル

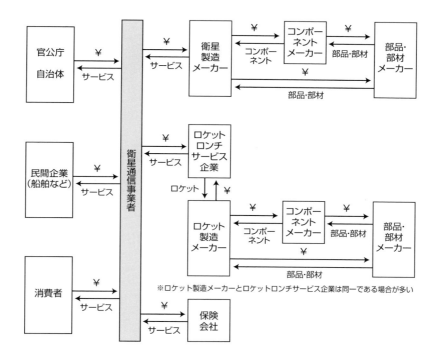

衛星通信事業のビジネスモデル

（「ビジネスモデルを見える化するピクト図解」板橋悟氏（ダイヤモンド社）を参考に作成）

リモートセンシング事業者のビジネスモデル

　リモートセンシング事業は、リモートセンシング衛星で撮影された画像や映像を販売したり、画像や映像から得られた情報から別の情報を生み出して付加価値を付けて販売する事業です。本書では、リモートセンシング衛星で撮影された画像や映像を販売する事業者を画像販売事業者、付加価値情報を販売する事業者を付加価値事業者と呼びます。このようにリモートセンシング事業者は、画像販売のみを手掛ける画像販売事業者と付加価値情報を販売する付加価値事業者に分類されます。その

147

両方を実施する事業者も存在します。NewSpaceでは、この付加価値事業を手掛けるベンチャー企業が多く存在します。

リモートセンシング事業者は、自社らで衛星の仕様を企画・立案し、衛星製造メーカーへ発注します。自社らと記載したのは、多くが各国の宇宙機関と連携し、官民連携事業として実施しているからです。また、リモートセンシング事業者のなかには、自社らで人工衛星を保有しない事業者も存在します。

自社らで保有するリモートセンシング衛星で撮影された画像や映像を自社で利用し、もしくは自社で衛星を保有しないリモートセンシング事業者は、外部からリモートセンシング画像を調達します。欧米では、分解能がそれほど高くないリモートセンシング画像を無料で使用できるオープンフリー政策が存在し、多くの民間企業は、この政策を利用しています。

調達したい画像は、リモートセンシング衛星の運用において、撮影したい地点とどのように撮影するかなどの撮像要求、撮像計画を立案することで得ます。衛星により撮影された画像は、衛星からダウンリンクさ

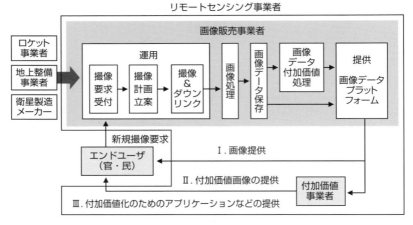

リモートセンシング事業の流れ

れ、地上システムへとデータが転送され、幾何補正などの画像処理が行われます。その画像は、顧客の要望にそった形に処理を施され販売されます。また、撮影された画像や映像はアーカイブ化され、画像データプラットフォームに保存、蓄積されています。顧客の多くが現在は官となっています。

　付加価値事業者は、調達したリモートセンシング画像、または、そのリモートセンシング画像と他のデータで構成されるビッグデータを解析し、別の情報を引出し、付加価値を付けて顧客に販売します。

小型衛星の製造販売ビジネスモデルは民間企業主導

　小型衛星ビジネスの大部分は、民間企業主導で実施されています。

　小型衛星を調達する事業者は、現時点では、リモートセンシング事業者やグローバルブロードバンド環境を大規模コンステレーションで実現しようと計画する事業者が該当するでしょう。小型衛星を調達する事業者は、小型衛星製造メーカーを兼ねるケースもあります。

　小型衛星は、小型衛星製造メーカーが製造します。大型衛星が、人工衛星を利用する顧客に応じた仕様で製造されるのに対して、小型衛星は、一般的に仕様が共通化されています。小型衛星を調達する事業者は、その製造された小型衛星を調達し、打上げます。打上げるのは、小型ロケット事業者です。小型ロケット事業者へ発注するのは、小型衛星事業者、もしくは小型衛星製造メーカーであるかもしれません。また、小型衛星の製造を外注して、小型衛星の調達と運用を実施するOEMを採用している事業者も存在します。

　調達した小型衛星を宇宙の軌道上に投入した後のビジネスモデルは、リモートセンシング事業者のビジネスモデル、衛星通信事業者のビジネスモデルと同様です。

　小型衛星の製造と販売に係るビジネスモデルは、リモートセンシング事業者、衛星通信事業者のビジネスモデルと構造が似ています。しかしプレイヤーが異なることがわかります。

Part 3　NewSpaceのビジネスモデル

　これが可視化されただけでも、事業に対する戦略が大きく変わってきます。

ハードウェア製造に顧客サービスが伴う宇宙旅行（B2B2C）

　宇宙旅行は、客船、旅客機などで国内外の旅行に行くビジネスモデルと類似しています。

　まず、宇宙旅行を手掛ける事業者が存在します。宇宙旅行事業者と呼ぶことにします。宇宙旅行事業者は、宇宙旅行機を調達し自社で運行する、宇宙旅行機を運用する事業者からサービスの提供を受けるなどのケースがあるでしょう。宇宙旅行事業者は、保険会社と保険契約も実施するでしょう。また、宇宙旅行に必要な訓練を実施する企業との連携も必要でしょう。宇宙服を手掛ける企業との契約も必要になるでしょう。宇宙旅行中の食事やエンターテインメントのサービスを実施する事業者との契約も必要でしょう。様々なビジネスが考えられます。

　自社の事業に無関係と思ったビジネス領域においても、実は参入の余地がある可能性があることを認識いただけると幸いです。

惑星移住ビジネスのプレイヤー（B2B2C）

　惑星移住に係るビジネスは、まだ存在しないため、当然ですが現時点ではビジネスモデルがありません。そのため、筆者の想像するビジネスモデルを描いてみたいと思います。

　惑星移住に係るビジネスモデルを考えたときに、各国の政府、宇宙機関及び民間企業が惑星移住計画の主要プレイヤーとなるでしょう。惑星移住に係るビジネスを実施する企業としては、現時点までに、Lockheed Martin社、Boeing社、SpaceX社が手を挙げています。彼らを、惑星移住ビジネスに係る全体のとりまとめとしての機能を果たす企業として、惑星移住企業と呼ぶこととします。

　惑星移住の施設を建設するのは、Lockheed Martin社、Boeing社、SpaceX社などの軍事も手掛ける重工業系企業でしょう。これらを移住

第6章　多様化する宇宙ビジネスモデル

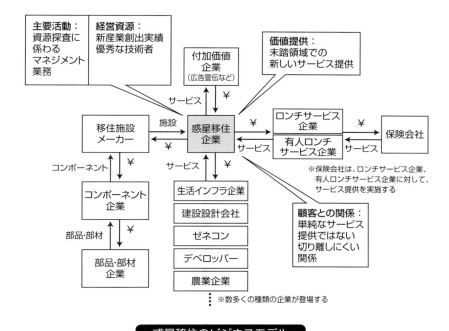

惑星移住のビジネスモデル

(「ビジネスモデルを見える化するピクト図解」板橋悟氏（ダイヤモンド社）を参考に作成)

施設メーカーと呼ぶこととします。惑星移住企業と惑星移住メーカーは同一であることが想定されます。また移住施設を惑星まで輸送するロンチサービス企業や人類をその施設まで輸送する有人ロンチサービス企業、輸送機を製造する企業も存在します。ロンチサービスには、保険会社も関わるでしょう。

　移住施設を考えるときに、人の衣食住が頭に浮かびます。

　洋服を手掛ける企業は必須です。食についていえば、スーパー、農地、家畜、それらの事業を手掛ける農業企業も必要かもしれません。調理するために、電気、ガスが必要となれば、電力会社、電池メーカー、ガス会社などのノウハウも必要です。水を確保するために、浄水技術を有する企業も必要です。こうした生活インフラ企業のニーズもあるでし

151

ょう。

　また、居住空間も必要です。そのためには、マンションの建設をイメージすればよいでしょうか。建築設計会社、ゼネコンなどがプレイヤーとして考えられるでしょう。また、公園、多目的施設、娯楽施設などの区画整理も必要です。デベロッパーもプレイヤーとして考えられるでしょう。

　惑星移住ビジネスの全体のとりまとめとしての機能を果たしている惑星移住企業は、企業のブランディングやサービスの広告宣伝のために付加価値企業と連携することも考えられるでしょう。

　このように惑星移住となると"街づくり"に近いビジネスモデルがベースになることが想像されます。そこに様々なプレイヤーが参入しうると考えられます。

惑星探査機（ランダー、ローバー）・サンプルリターン機の製造と資源販売ビジネス（B2B）

　惑星探査機（ランダー、ローバー）・サンプルリターン機などに係るビジネスモデルはどうでしょうか。惑星移住ビジネスと同様に、まだ明確なビジネスモデルはありません。筆者の想像の域を脱しませんが、以下のようなビジネスモデルが予想できると思います。

　まず、惑星にある資源でビジネスをしたいと思う企業が、このビジネスの中心です。これを資源探査企業と呼ぶこととします。この企業は、惑星探査機（ランダー・ローバー）、サンプルリターン機を調達する企業でしょう。これらを製造する企業もあります。現在までに、Moon Expres社、Deep Space Industires社、ispace社などが手を挙げています。これらの企業は、惑星資源探査ビジネスの全体のとりまとめの機能を果たすことでしょう。地球に運ばれる惑星の資源は、この後、顧客に販売され、産業用などに使用されるでしょう。このビジネスにおいても、企業のブランディングやサービス、広告宣伝などの付加価値企業にサービスを提供することでしょう。惑星資源は未踏領域であるため、

第6章　多様化する宇宙ビジネスモデル

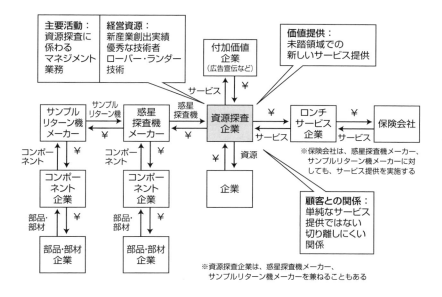

惑星探査機・サンプルリターン機のハードウェア製造と資源販売のビジネスモデル

（「ビジネスモデルを見える化するピクト図解」板橋悟氏（ダイヤモンド社）を参考に作成）

リスクが高いですが、様々なビジネスが生み出される可能性があることが強みです。

　また、惑星探査機やサンプルリターン機を惑星に運ぶロンチサービス企業も必要です。そのロンチサービスに係る保険会社も存在するでしょう。

6.2 人工衛星データを活用するビジネスモデル

　人工衛星のデータを活用したビジネスモデルを紹介します。人工衛星のデータとは、測位衛星からの測位信号、つまり位置情報と、リモートセンシング画像と通信による情報の3種類です。

この衛星データのみを活用したビジネスは、正直なところ事業採算性が成立しないことがほとんどです。衛星データと何らかの情報や施策を組み合せることでビジネスが成立します。

この節では、農業分野、スポーツ分野、観光分野、交通分野、金融分野でのビジネスを紹介します。

リモートセンシング画像や衛星測位が農業を効率化する
(G2B・B2B・B2C)

農作物の生育状態の把握をしたい事業者は、大規模農場を有する企業や農家、もしくは農家を束ねる農業組合などの団体が考えられるでしょう。

農作物の生育状態は、赤外線の領域で撮影することでわかります。赤外線領域のリモートセンシング画像は、リモートセンシング事業者から購入します。その画像を分析し、農作物の生育状態を把握し、生育が未熟な農作物については対策を専門家に依頼するでしょう。その対策を実施するには、生育が未熟な農作物に対してスポット的に肥料や農薬などを散布するのに、作業効率を向上させるためにドローンを活用するかもしれません。そのドローン事業者も必要です。また、農作物の生育の向上のために、気温、湿度、日照時間などを計測し、適切な収穫時期を割り出したりする事業者も必要になるでしょう。深夜のうちに自動運転で農機を動かして収穫するなども考えられます。

これらのビジネス全体をIT農業と呼んだりしますが、このようなビジネスモデルが既に存在しています。

日本では、海外から輸入される安い農作物と同じ土俵で勝負すると、このIT農業を導入したときの事業採算性は、厳しいと一般的にいわれています。味、栄養素などに強みをもつなど、農作物にどれだけ付加価値を付けられるかがポイントになるでしょう。

また、東南アジアの多くの国では、農業人口が多いのが一般的です。そのため、ドローンや自動運転による農機、IoTなどを駆使するIT農

第6章　多様化する宇宙ビジネスモデル

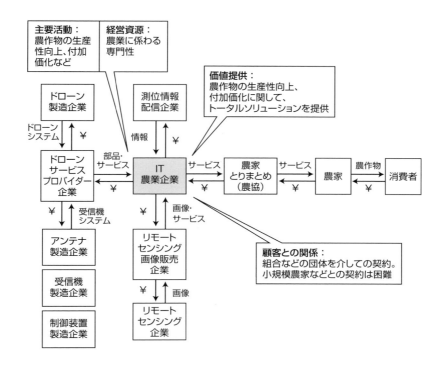

農業のビジネスモデル

(「ビジネスモデルを見える化するピクト図解」板橋悟氏（ダイヤモンド社）を参考に作成)

業を導入することは、農業従事者の職を奪うことなり、課題があるといわれています。

有名な日本酒、獺祭の米作りには、IT農業が活用されているといいます。これは付加価値化に成功しているよい事例です。

衛星測位とウェアラブル装置で位置情報を把握する
スポーツビジネス（B2B2C）

経済先進国では、健康への関心が高く、よくテレビでも海外のダイエット成功事例が紹介されたり、健康グッズの通販番組が放映されていま

155

す。健康への関心は、老若男女問わず、強くあります。

　定期的に体を動かす人は、トレーニングジムに通っている人もいれば、ヨガのレッスンを受ける人もいますし、屋外をジョギングする人もいるなど様々です。

　ジョギングする人にとっては、何km走ったのか、どれくらいのカロリーを消費したのか、どのようなルートを走ったのかを可視化してほしいというニーズが少なからずあります。時計メーカーやスポーツ用品メーカーなどは、腕時計のように手首に装着する小型の機器であるウェアラブル装置を製造、販売しています。

　ウェアラブル（wearable）とは、身に付けることが可能な、という意味で、何らかの目的をもって体に装着する小型の機器のことをいいます。

　このウェアラブル装置には、GPSなどの測位衛星からの信号を受信できる受信機が搭載されており、いまどの地点を走っているのかをスマートフォン上で示すことができます。また、性別、身長、体重、年齢などを入力することで、消費カロリーも算出してくれます。ジョギングに限らずウォーキングでも同じです。

　スマートフォン画面上には、自分の運動の実績が可視化され、そこから、自分の課題やその課題を解決するために必要なもの（商品）が、使用者のあたまに浮かぶでしょう。時計メーカーやスポーツ用品メーカーにとっては、そこに自社製品の広告を出して、商品購入に繋げるなどの戦略があります。また、プラットフォーム事業として活用できるため、SNSと同様の機能を有することができ、コミュニティーづくりや情報発信に活用できます。

　しかしながら、時計メーカーやスポーツ用品メーカーの最終的な目的は、これにとどまらないと思います。

　時計メーカーやスポーツ用品メーカーは、ウェアラブル装置の使用者の同意のもと、ウェアラブル装置で得られた多くの人の情報を蓄積し、統計的に解析、分析を実施することで、ヘルスケア事業に繋げようとし

第6章　多様化する宇宙ビジネスモデル

ていると筆者は考えています。簡単にいえばビッグデータ解析とその活用です。

衛星測位を活用していることから、宇宙とスポーツの組み合せとして紹介しましたが、ビッグデータ事業、プラットフォーム事業として宇宙ビジネスを活用したよい事例と考えています。

衛星測位とスマートフォンで位置情報を活用する
観光ビジネス（G2B2C）

国内の多くの自治体で、少子高齢化、過疎化、魅力度・知名度の低下などの課題を有しています。そのため、ふるさと納税、ゆるキャラ、世界遺産への申請、移住に対する補助制度など、地方創生としての取組みが盛んです。

ここでは、自治体に存在する歴史遺産物を観光客に知ってもらった

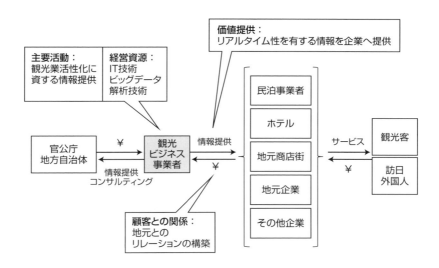

観光におけるビジネスモデル

（「ビジネスモデルを見える化するピクト図解」板橋悟氏（ダイヤモンド社）を参考に作成）

157

り、商店街を回ってもらったりするためのビジネスを紹介します。

まず、観光客に、事前にスマートフォンでアプリをダウンロードしてもらいます。観光客には、スマートフォン上に表示される地図にもとづいて、観光地へ向かってもらいます。歴史的遺産には、価値があるにも関わらず現存していないケースが多々あります。そこでVRの登場です。所定の場所に行くと、スマートフォン上に実在するかのようなVR画像が表示されます。これらは、測位衛星からの測位信号を活用しています。観光ビジネス事業者は、こうした自治体に情報を提供したりコンサルティングを行ったりします。

また、観光客の位置情報をリアルタイムで把握することができるため、事業者側では、いつ、どこに、どれくらいの観光客がいるのかがわかります。アプリに観光客や訪日外国人の属性（性別、国籍、年齢など）も入力することができれば、さらに情報量が増えます。事業者は、例えば商店街にその情報を販売し、商店街は、どのようなタイミングで、どこで、何をアピールすべきか、客にどうアピールすべきか、観光客に提供するサービスの充実に役立てることができます。

これは、衛星測位を活用し観光客の位置情報をビッグデータ化して観光業に役立てている、よい事例と筆者は考えています。

位置情報を交通・物流ビジネスに活用する（B2B2C）

交通、物流においては、位置情報を活用したビジネスが存在します。車両に、カーナビゲーションやスマートフォンなど位置情報を表示できる装置を搭載します。多くの車両の位置情報から、渋滞情報を知ることができます。それらの情報から、渋滞回避ルートやそれに合わせた到着予定時刻、高速道路など有料道路の料金といった情報をを提供することができます。

また、テレマティクスを搭載することにより、燃料消費量、車速などの情報も取得できます。テレマティクスとは、移動体に通信システムを搭載して利用する情報サービスや、そのシステム全般を意味します。こ

れらの情報から、例えばガソリン消費を最小にするルートの選択や運転方法などがわかり、運転者へ助言することができます。これにより物流会社は、経費削減と業務効率化に役立てることができます。こうした取組みは、ナビタイムジャパンやオリックスなどが実施しています。

　また、物流事業において、配達される側にこれらの情報を伝えることで、荷物の運搬状況を可視化でき、配達時刻の確度を高めるなどの取組みもあるでしょう。他にも、運転者の属性（性別、年齢）と運転のしかたなどを解析することで、いま社会問題となっているアンガードライバー対策にも役立てられるかもしれません。

　日本の準天頂衛星のセンチメートル級測位補強サービスのような高精度測位サービスを活用すれば、ビジネスの幅もさらに広がるでしょう。

リモートセンシング画像から付加価値サービスを提供する（B2B2C）

　過去のものから蓄積されたリモートセンシング画像をもとに、AIを活用することで、過去から現在までの動向や将来の予測ができるため、例えばその地域の経済活動を正確に把握することができます。

　詳細は、SpaceKnow社やFacebook社の取組みでも紹介しましたが、そのビジネスモデルを図示します。画像付加価値事業者は、リモートセンシング画像や他の情報を活用し、顧客ニーズの高いサービスを付加価値情報として提供する事業者です。

　画像付加価値事業者は、リモートセンシング画像を自社保有の衛星から得る場合は、衛星製造メーカーもしくはHAPS（High Altitude Pseudo Satellite）製造メーカーから自社保有の衛星などを調達するでしょう。リモートセンシング画像を画像販売事業者から調達し、その画像に付加価値を付けて、販売することもあるでしょう。この付加価値化されたリモートセンシング画像は、SpaceKnow社やFacebook社の事例で紹介したように金融機関や不動産デベロッパーに販売されます。

　画像付加価値事業者の顧客である金融機関や不動産デベロッパーから、さまざまなニーズを引出し、例えば、"ある地域は今後、都市・工

Part3 NewSpaceのビジネスモデル

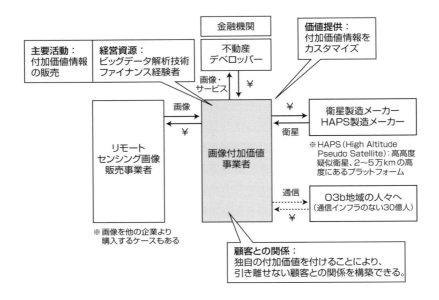

リモートセンシング画像の付加価値化におけるビジネスモデル

(「ビジネスモデルを見える化するピクト図解」板橋悟氏(ダイヤモンド社)を参考に作成)

業地帯として発展するのに適した立地である"、"通信環境が整えば、大きな発展が見込める地域である"ということがわかれば、このような通信インフラの未整備地域に対して、通信環境を提供したりする事業展開も考えられます。そのためには、通信を提供する衛星やHAPSを保有する必要も出てくるでしょう。このようにリモートセンシング画像から、通信環境提供ビジネスまで派生する可能性も考えられます。

　このビジネスは、将来、民間企業の事業活動まで範囲が及ぶと考えています。ある民間企業の工場や事業所の人やモノの動き、照明の状態などから、企業が報じる損益計算書(PL)、賃借対照表(BS)、キャッシュフロー計算書を照らし合せて、経営状態が把握されるかもしれません。投資家などの株価の正確な把握や、粉飾決算の実態なども将来的に

はわかってしまうかもしれません。

第7章 全く新しい、マーケティング重視の宇宙ビジネスモデル

　従来までの宇宙ビジネスは、官が発注する人工衛星やロケット開発によるものが主流でした。ここまでみてきたように、宇宙ビジネスのビジネスモデルやプレイヤーは多様化し、顧客に対する構造も大きく変化してきています。顧客に自社の強み（セールスポイント）をアピールする必要性が出てきました。

　そのため、従来の宇宙ビジネスではみられなかったマーケティング活動が現れ始めています。

　前章で示したビジネスモデルにおいては、各プレイヤー間の契約にもとづいた、製品やサービスの提供とその対価の授受を示していますが、ここではマーケティング活動を、その契約を勝ち取るまでの活動と定義します。

市場を支配する価格破壊型ビジネスモデル（SpaceX）

　SpaceX社は、イーロン・マスク氏率いるロケットロンチサービス企業であり、ベンチャー出身でありながらも、次に示すようなビジネスモデルで現在世界を代表するロケットロンチサービス企業へと成長し、確固たる地位を築いています。その他にも、火星移住ビジネスや小型衛星群を活用したビジネスも画策しています。

　SpaceX社は、2つのビジネスモデルを有しているといわれています。1つ目は「競合企業の収益源を破壊するビジネスモデル」、2つ目は「初回契約の契約金額を大幅に下げることで、長期契約の約束と次回以降の標準金額での契約を勝ち取るビジネスモデル」です。

　競合企業の収益源を破壊するビジネスモデルは、競合企業の主たる収益源としている市場に価格破壊などを起こすことで、競合企業が利益を得られなくなり、財務的に脆弱になり、投資、値引きできなくするものです。競合企業の主な収益源であったロンチサービス事業に対して、

第7章　全く新しい、マーケティング重視の宇宙ビジネスモデル

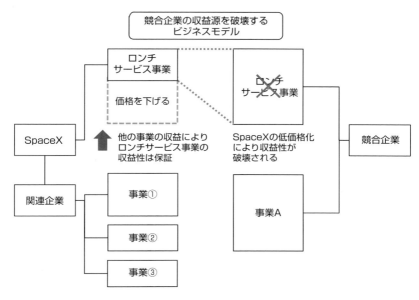

・競合の主たる収益源としている市場の収益性を破壊してしまい、競合が利益を得られなくする
・競合が財務的に脆弱になり、自社の主たる収益源とする市場に投資、値引きできなくなる

SpaceX社のビジネスモデル

(「ビジネスモデルの教科書」今枝昌宏氏（東洋経済新報社）の情報をもとに作成)

　SpaceX社は低価格でロンチサービスを提供することで、クライアントを奪い取ります。競合企業は収益源を失い対抗手段を失います。一方、SpaceX社は、他の事業での潤沢な収益源があるため、ロンチサービスの低価格化を実施しても関連企業全体としての影響はないというビジネスモデルです。

　このビジネスモデルは、Yahoo! Japanが実施しているYahoo!ショッピングへの出店や取扱いを無料化したビジネスと類似していると筆者は考えています。競合の楽天などは出店や取扱いを有料としているた

Part 3　NewSpaceのビジネスモデル

め、Yahoo! Japanが無料にすれば楽天の収益源がなくなってしまい競争力を失うというものです。

　その他にもSpaceX社は、初回契約の契約金額を大幅に下げることで、長期契約の約束と次回以降の標準金額での契約を勝ち取るビジネスモデルも実施しているといわれています。

　このようなビジネスモデルにより、ロケットロンチサービスという特定の市場を支配し、コストリーダ的な存在となり得ることでレピュテーションを上げ、さらに強固な参入障壁を築き上げ、確固たる地位を構築することができています。

"場"を提供するプラットフォームビジネス
(Facebook、アクセルスペース)

　宇宙ビジネスにおけるプラットフォームのビジネスモデルとしては、リモートセンシング画像（人工衛星により地球を撮像した画像）を活用するプラットフォームビジネスが挙げられます。"場"としてのプラットフォームを自社でつくり上げ、リモートセンシング画像や他の情報などをビッグデータ化し、付加価値のあるデータをつくり出し、他社へ販売します。自社-クライアント間、クライアント間同士のつながりを広範囲なものにし、また深いものにし、"にぎわいの場"としてのプラットフォームを通じて企業の参画や集客を促し、様々な事業を展開することで、収益を上げるビジネスモデルです。

　Facebook社は世界の正確な地図作成に乗り出し、世界20カ国、約146億枚のリモートセンシング画像に対して人工知能（AI）の技術を活用し、人工建造物などを識別し、川沿い、道路沿いにどれくらいの住宅があり、どのようなコミュニティーが形成されるていのかを分析し、自然災害のリスク評価や地域経済の評価分析などにも応用し事業化するとしています。

　また、アクセルスペースは、AxelGlobe構想を発表し、50機の超小型衛星群を打上げ、その人工衛星から得られるデータと地上から得られ

第7章　全く新しい、マーケティング重視の宇宙ビジネスモデル

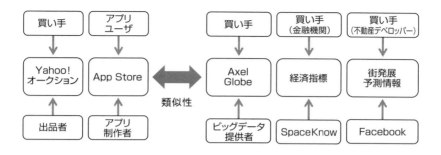

宇宙ビジネスでみられるプラットフォームビジネスの一例

(「ビジネスモデルの教科書」今枝昌宏氏（東洋経済新報社）の情報をもとに作成)

るデータをビッグデータ化するプラットフォームビジネスを実施することを計画しています。

　他の業界では例えば、不動産流通機構が運営するプラットフォーム上で不動産取引を活性化させるための REINS、会員になれば誰もが出店し購入できる Yahoo!オークション、Apple 社が提供するアプリなどの App Store、大手芸能事務所であるジャニーズ事務所のテレビ局や映画製作会社と所属タレントのコンタクト維持や情報提供も、このビジネスモデルが活用されています。

　このビジネスモデルの収入は、データ販売料、プラットフォーム利用料、プラットフォーム上での取引手数料、プラットフォームに掲載する広告収入などが一般的です。

顧客を離れさせない課題解決型ビジネスモデル
（SpaceKnow、三井住友海上）

　クライアントの課題を明確に把握し、その上で課題に対する解決策を提案し、その解決策なしでは事業が実施できないほどに依存関係を構築・維持するビジネスモデルがあります。IBM、アデランス、富士ゼロックスが用いてきたビジネスモデルですが、宇宙ビジネスにおいて

は、SpaceKnow社のビジネスで確認することができます。同社のビジネスモデルはプラットフォームビジネスともいえますが、課題解決型のビジネスモデルとしても分類できます。中国の6000程度の工業地帯に対して独自のアルゴリズムを活用して、約14年間におよぶ22億枚のリモートセンシング画像から建造物の経時変化や工場の在庫状況などを分析することで、新経済指標（SMI）を割り出しています。中国国家統計局が発表する経済指標（PMI）と比較したところ、SMIと同様の傾向を示しています。SMIに最も強い関心を寄せているのは、ヘッジファンドやプライベートエクイティーなどの投資会社で、特定の工場の経済活動の拠点についての詳細なデータを必要としており、中国政府が公表するデータに対する不信感から、このようなデータに対するニーズが高まっています。

　三井住友海上は、リモートセンシング画像を活用した天候デリバティブ保険を事業化しています。気温・降水量などの指標が一定水準を上回ったり、下回ったりした際に補償金や保険金が支払われる商品は、天候デリバティブまたは天候インデックス保険と呼ばれます。

　インフラ整備が不十分で、気候変動の影響をより大きく受けると考えられる開発途上国では、まだ天候デリバティブ保険の導入は進んでいません。フィリピンのミンダナオ島では、エルニーニョ現象によると考えられる干ばつにより、2015年に約19億円の農業生産損失額となったといわれています。

　この保険により、異常気象に苦しむ農家の生活安定と農業の安定的発展に寄与でき、顧客の課題解決を実現できるビジネスモデルです。

フリーモデル（無料）で顧客を獲得する（SpaceKnow）

　スマートフォンでゲームを楽しんでいる読者は多いと思います。そのゲームには、無料でダウンロードできるものも少なくありません。その無料のゲームを楽しんでいるうちに、夢中になり、ゲーム内のアイテムを欲しくなって課金する読者も多いと思います。このビジネスモデルは

第7章　全く新しい、マーケティング重視の宇宙ビジネスモデル

フリーモデルといいます。スマートフォン向けゲーム会社に多くみられるビジネスモデルです。

　このビジネスモデルは、プラットフォームビジネスとの親和性が高く、宇宙ビジネスでもみられ始めています。例えば、先ほどのSpaceKnow社はこのビジネスモデルを取り入れています。まず、無料でSpaceKnow社が提供するプラットフォームに登録することができます。そのサイトには、リモートセンシング画像から得られる付加価値情報がアーカイブ化されており、投資家など金融関係者には魅力的な情報が満載です。その付加価値情報を利用するには、課金が必要になるという具合です。SpaceKnow社は、利用者が課金したくなるような情報を提供するために、金融出身者を多く雇用しています。

　このフリーモデルは、他の宇宙ビジネスにおいても活用できるシーンが多いと筆者は考えています。

ブルーオーシャン戦略ビジネスモデル
（アストロスケール、ALE、SpaceVRなど）

　ブルーオーシャン戦略とは、従来の提供技術・製品・サービスの組み合せに修正を加え、新規の技術・製品・サービスをつくり、新たな市場を創出するビジネスモデルです。例えば、アストロスケールによるスペースデブリ除去ビジネス、ALEによる人工流れ星ビジネス、シャープとKymeta社によるフラットアンテナ、栗田工業による宇宙ステーションの循環水ビジネスなどがこれに該当するのではないでしょうか。

　これらのビジネスモデルは、新規市場で新規の技術・製品・サービスを活用したもので、まだ、競合の存在しないブルーオーシャンでビジネスを展開しています。

　このビジネスモデルは、俺の株式会社や任天堂のビジネスと類似しています。特殊な技術・製品・サービスにより他社は真似することができず、競合企業が当初は存在しません。新規参入企業や、既存市場のシェアで下位層に位置する企業が多く実施するモデルですが、このブルーオ

167

Part 3　NewSpace のビジネスモデル

ーシャン市場の特徴は、ある程度の規模に成長すると、模倣し始める企業があらわれる傾向にあるということです。この特殊な技術・製品・サービスに対して、参入不可能な高い障壁を構築することが重要になります。SpaceVR 社は、高性能なカメラを搭載した人工衛星を活用し、宇宙空間を VR 化する計画です。この取組みは参入障壁が高く、ブルーオーシャン市場を形成しやすいビジネスモデルの一例といえます。

広告塔での収益を狙うビジネスモデル（惑星探査事業企業など）

　宇宙ビジネスにおいて、"広告"という概念は、一昔前までは全く存在しませんでした。それが変化してきている理由は、繰返し申し上げているとおり、顧客が官から企業、一般消費者へと、ビジネスモデルが変わってきているからです。

　そのような取組みを実施しているよい例は、ispace 社の HAKUTO でしょう。残念ながら、勝者なく終了してしまった Google Lunar XPRIZE ですが、HAKUTO のローバーはスポンサーである企業の広告塔としての役割も果たしていました。オリンピックやプロスポーツ選手のウェア、F1 カーなどにスポンサー企業のロゴが掲載されているのと同じです。

　そのほかにも、YouTube で流れる動画広告や Web サイトに掲載されるバナー広告も同様のビジネスモデルです。このビジネスモデルは、先述のプラットフォームビジネスなどにも活用できると思います。

　宇宙ビジネスは、一般的に大きな資金が必要になることが、参入障壁の一因となっていますが、このビジネスモデルを真似たり、応用したりする企業が多く出ることを筆者は期待しています。

サプライチェーン変更型ビジネスモデル（OneWeb など）

　競合や業界標準とは異なるサプライチェーン方式を採用し、差別化す

第7章　全く新しい、マーケティング重視の宇宙ビジネスモデル

るビジネスモデルです。例えばDELLのOEM（Original Equipment Manufacturer）によるPC製造や企画から販売までを統合して商品提供するSPA（製造小売業）があります。これを採用するニトリ、JINSなどが有名です。これにより、製品のカスタマイズ化やリードタイム短縮など、クライアントに合わせた製品供給を可能にします。

　従来の宇宙ビジネスでは、このビジネスモデルはみられませんでした。米国Raytheon Missile Systems社は、ミサイルの製造ラインでのノウハウを活用し、小型衛星の製造、試験などのラインを自動化する取組みを実施しています。人工衛星は、製造ラインによる大量生産化は従来から行われておらず、受注生産が一般的です。この取組みにより、新たに製造手法が確立され、さらにコスト削減が進む可能性があります。米国OneWeb社も同様です。フロリダ州のExploration Parkに小型衛星の大量生産のための新施設を整備し、ソフトバンクは、この新施設の整備加速のためにOneWeb社へ約1200億円の出資を決めています。

ディファクトスタンダードを構築するビジネスモデル
（Microsemi（旧Actel）、Moogなど）

　宇宙ビジネスの分野においては、特定の企業がもつ唯一無二の技術や製品があります。そのような製品の価格は高額となり、販売側にとって有利に価格交渉を実施することができます。

　例えば、宇宙用FPGA（Field Programmable Gate Array）が該当します。FPGAは、設計した論理回路をソフトウェアを通じて自由に書き込むことができる半導体デバイスです。Microsemi（旧Actel）社はFPGAでディファクトスタンダードの戦略を実施しています。

　また、測位衛星では、高精度の時刻情報が性能を決めることから、原子時計が必要となります。この装置は、日本で製造できる企業はなく、すべて外国製に頼っています。Spectratime社の原子時計はよい例です。他にもこのような機器が存在します。例えば、Moog社の太陽電池

Part 3　NewSpaceのビジネスモデル

パドルに活用するスリップリング、Ball Aerospace社のスタートラッカー、Aerojet Rocketdyne社のロケットエンジンなどの推進系、Adcole社の太陽センサーなどです。

　これらの製品は、研究開発の必要があり、それに応じた費用と時間が掛かります。また宇宙用機器ということで、宇宙環境で正常に動作することの確認も必要となるため、事業リスクが高いです。そのため、他社はこの領域になかなか参入しないビジネスモデルとなります。

　日本でも民間企業がこのような技術を保有できればよいのですが、このような取組みはやはり、官主導で民間企業と連携して実施するのがよいと考えます。

第8章 宇宙ビジネスに新規参入するには

　宇宙ビジネスへの参入の留意点として、筆者が考えていることを示したいと考えています。

　今現在、宇宙ビジネスは、黎明期から揺籃期へ突入したといえるかもしれません。そのため、まだまだ、新規参入のチャンスがあり、早期参入が鍵といっても過言ではありません。

　宇宙ビジネス以外への新規参入の話と何が異なるのかと問われると、筆者は、「大きな違いはありません」と答えますが、宇宙ビジネスという市場は、従来から非常に閉鎖的な市場であり、限定されたプレイヤーで行われてきたため、情報を得にくく、非宇宙企業にとっては、特異に映るケースがほとんどのようです。その心理的な障壁が障害になっていると思い、可能な限りマイナスイメージを低減することができればと考えています。あたりまえのことを、あたりまえに記載していますが、宇宙ビジネスの市場への新規参入について、少しでも参考になれば幸いです。

人工衛星はだいたい3種類しかない

　人工衛星とは、何でしょうか。人工的につくられた物体であり、地球の周りを何らかの規則性をもって回っている物体です。ちなみに、月、火星などの惑星に向かう宇宙機は、人工衛星ではなく探査機と呼ばれています。その所以は、惑星の周りを何らかの規則性をもって回ることではなく、惑星に着陸することなどが目的のためです。余談ですが、衛星とは、ある天体の周りを何らかの規則性をもって回っている天体であり、月は地球の衛星であり、地球は太陽の衛星です。

　ヒトはなぜ人工衛星を打上げるのでしょうか。それは人工衛星の種類をみればわかります。人工衛星は、大きく分けて、通信衛星、リモートセンシング衛星（地球観測衛星）、測位衛星の3種類しかありません。

Part 3　NewSpaceのビジネスモデル

天体観測などを行う科学衛星もありますが、ビジネスという観点から、ここでは含めないことにしています。

　通信衛星は、地球上から電波に乗せたい情報を人工衛星へ送信し、その情報を人工衛星から、地球上の広範囲もしくは所定の場所に送信する機能を有する人工衛星です。衛星電話、衛星放送、データ中継衛星、ビットコイン衛星が該当します。そのほかにも、OneWeb社やSpaceX社が計画する、グローバルブロードバンド環境を提供する大規模コンステレーションの衛星も通信衛星に該当します。

　リモートセンシング衛星は、宇宙空間から、地球上の写真や動画を撮る人工衛星です。リモートセンシング衛星は、地球観測衛星とも呼ばれており、主に光学もしくはレーダーの2種類があります。観測する周波数帯により得られる情報が異なるのが特徴です。また、宇宙から地球を観測するため、その国、地域、場所で起こっていることが秘密裏に把握できてしまうことが特徴です。気象衛星、資源探査衛星、安全保障・軍事衛星はリモートセンシング衛星に該当します。

　測位衛星は、複数の衛星から測位信号を地球上のヒト、モノに対して降らせ、地球上の受信機で測位するというものです。米国のGPS、欧州のGalileo、ロシアのGLONASS、中国の北斗（BeiDou）、インドのIRNSS、日本の準天頂衛星が該当します。

　宇宙ビジネスの多くは、この衛星を活用するものになるでしょう。次の項では、人工衛星を活用する6つのメリットを紹介します。

人工衛星を活用する6つのメリット

　宇宙ビジネスを検討する民間企業が年々増えてきています。筆者も問合せを受けることがありますが、その内容は、宇宙ビジネスに参入した

いが、何をしたらよいのか、何ができるのか、また、自社が保有する技術やサービスなどを宇宙ビジネスに活用できると考えているがどうか、というものが多いです。

　実際、民間企業で検討を進めていくと、いつも壁にぶつかる事項として挙げられる1つの項目が、事業採算性です。自社で人工衛星を調達するにしても値段が高い、宇宙ビジネスを実施しようとしても事業採算が成立しない、という点です。筆者も正直なところ、そう思います。現時点で筆者が定義する宇宙ビジネスの範囲において、事業採算性が合わない領域と合う領域が存在するのは確かです。近い将来、ロケットや人工衛星のコストが下がるとこのような問題は解決されると思いますが、現時点ではそうなのです。

　現状において、人工衛星で何ができるのか、人工衛星のデータを使って何ができるのか、という人工衛星を起点に考える"人工衛星オリエンティッドな思考"でビジネスの検討を進めると、新規ビジネスの創出がうまく行かないことが多くあります。その理由は上記と同様です。ま

同報性	多くの対象（人、モノ）に対して、同時に情報を提供できる
広域性	広域に情報を送信できる。広域の情報を収集できる
耐災害性	衛星が宇宙空間に存在するため、自然災害や事故の影響を受けない
秘匿性	秘密裏に情報を収集することができる 秘匿すべき情報を対象者のみに送ることができる
経済性	地上のインフラを整備する予算よりも、安価で済む
特殊性	「宇宙」という特殊な空間を活用できる

人工衛星を活用するメリット

ず、宇宙ビジネスというキーワードを枠から外し、新規事業として事業採算性に見合う事業を検討し、結果的に人工衛星やロケットなどの宇宙ビジネスを有効活用できればよいという発想もあります。

　人工衛星を活用するメリットは何でしょうか。筆者は、6つあると考えています。
　人工衛星は、宇宙という高い高度に位置するため、地球上の多くの対象（ヒト、モノなど）に、同時に情報を届けることができます。また、同様な性質から、飛行機以上に広範囲に情報を届けることができます。
　その他にも、宇宙空間に存在するため地震、津波などの自然災害や、火災、爆発など事故の影響を受けることがありません。
　さらに、地上インフラを整備するよりも、宇宙空間にインフラを整備したほうが安価で済む場合があります。また、地上インフラが未整備の地域へも情報伝達が可能であるなどのメリットがあります。秘密裏に情報を収集することもできます。宇宙空間という"非日常"であり誰にもじゃまされない"自由度の高い"空間であり、この特殊性を活用することもできます。

人工衛星とドローン、それぞれの強みと弱み

　近年、ドローンによるビジネスが盛んになってきました。ドローンと人工衛星を比較する話が多く聞かれます。
　ドローンの魅力は、なんといっても安価であり、いつでもどこでも容易に飛行することができ、ヒトが容易に達することができない場所へも自由自在に飛び回ることができることなどが挙げられます。
　ドローンを運転するには、遠隔操作と自動運転があります。遠隔操作は、ここではコントローラーを用いて、人が操縦するものをいいます。ラジコンに近いでしょう。産業用となれば、ドローンの操縦について免許、講習などが必要となります。自動運転は、一般的にドローンに搭載されたセンサーなどにより障害物を認識して、オンボードコンピュータ

で指令を出し、避けるなどの制御を実施するのが一般的です。また、3次元の位置情報を取得することも重要であり、その場合は、測位衛星からの測位信号を受信します。この観点から、ドローンを自動運転で使うことは、測位衛星を活用していることになり、筆者の考えでは宇宙ビジネスに該当することになります。

　ドローンが活用される市場は、農業、空撮、検査、物流、通信などです。農業では、農薬、肥料、水などの散布、生育状況の把握などに使われます。空撮については、映画、ドラマ、ドキュメンタリーなどのエンターテインメント事業で活用され、臨場感あふれる非日常の映像を楽しむことができます。そのほかにも、危険地帯の空撮、安全保障にも活用されています。

　検査については、橋やビルなど高所の構造物において、人が出向いて検査するのが困難な箇所や、コスト高になる検査の場合に、ドローンによる検査が活用されます。物流については、物流倉庫内での荷物の運搬や配送宅への運搬に、ドローンが活用されようとしています。「ラストワンマイル」という用語を聞いたことがあるかもれません。ラストワンマイルはもともと通信分野の言葉でしたが、物流では、最終拠点からエンドユーザまでの区間、つまり、ユーザに荷物を届ける最終区間のことを指します。このラストワンマイルの輸送をドローンで行おうという動きがあります。

　これらの市場でドローンが人工衛星とバッティングするのは、リモートセンシング分野と通信分野です。

　リモートセンシング衛星は、宇宙空間から地球を撮影します。撮影は、低軌道である高度 500 km あたりで行われることが多く、映像の解像度（分解能）は、よくて数十 cm です。一方、ドローンによる撮影は、地上からの高さ 100 m 付近で行われるため、映像の解像度は非常に高いです。ここで議論になるわけです。人工衛星は不要なのではないか、ドローンのほうがメリットが多いのではないか、と。そのとおりで

す。しかしながら、コスト的に人工衛星のほうがメリットがある領域があります。撮像する地域の面積が数百 m^2 を超えると、人工衛星の方がリモートセンシング画像としての価格が安くなるといわれています。そのバランスを考えて、事業を実施する必要性があるのです。

　通信分野について、まず人工衛星の場合を述べたいと思います。通信衛星は静止軌道に投入されるのが一般的です。地上から見れば常に上空にいるため、ほぼ常に通信環境が整っている状況をつくることができます。さらにその通信環境を広範囲に提供できるメリットもあります。地上が悪天候であったとしても（通信周波数帯によっては、降雨などにより電波強度が減衰し通信ができなくなる場合もありますが）、地上に通信インフラが整備されていない場合でも通信環境を利用できるメリットがあります。デメリットは、通信衛星の整備に時間とコストがかかるという点です。

　ドローンは、人工衛星と同様の活用が可能です。しかしながら、人工衛星に比べて、通信範囲は大幅に狭まり、また天候などに左右されるデメリットがあります。人工衛星に比べれば、人による操縦もしくはバッテリーが枯渇するまでの飛行時間内で通信を実施するなど、オペレーションに手間がかかります。

　このように、ドローンと人工衛星のメリット、デメリットのバランスを考慮して事業を実施する必要があります。

ニーズオリエンティッドな視点でビジネスを考える

　日本は、技術立国です。世界トップの技術力と信頼性、品質を有していると断言してもよいでしょう。特に、高度経済成長期では、日本製の製品はつくれば売れる、そのような時代でした。その時代の成功を、多くの日本企業が体験することができました。人間誰でも、一度成功するとその成功にたどり着いたプロセスを捨て去ることができず、次も同じようなプロセスで成功しよう、成功するはずだと、過去の実績を踏襲してしまいがちです。

高度経済成長期には、自社の持つ技術やノウハウを活用したりし、自社がつくりたいものをつくっていた日本企業が多く、シーズオリエンティッドなビジネスで成功を収めていました。
　しかし、高度経済成長期も終焉を迎え、消費者の欲求が満たされ、ニーズが多様化してきた現在、シーズオリエンティッドなビジネスでは、成功するのが難しくなってきています。
　余談ですが、Apple創業者であるスティーブ・ジョブズ氏は、天才的な経営者として有名です。彼は、商品を開発する際に、ニーズ調査をしたことがないといわれています。消費者に対して、"ほしかった製品はこれだ！"と思ってもらえる商品を試行錯誤を重ねて生み出していたそうです。これは、ある意味シーズオリエンティッドですが、ある意味ニーズオリエンティッドな視点です。しかし、天才が成し遂げた話は、普通は通用しません。

　NewSpace時代の宇宙ビジネスにおいては、ニーズオリエンティッドな視点を持って、宇宙ビジネスに臨むことが重要と考えています。仮に人工衛星を開発する計画を立てるとき、最先端の技術を搭載した衛星をつくろう、ではなく、人工衛星をつくることで、特定のニーズに応えることができる、このニーズに応えることができれば、これくらいの収益になるはずだ、などという発想が重要です。

　ニーズを把握するためには、何をしたらよいのかと思う読者もいるでしょう。ニーズを把握するための調査が必要です。あたりまえのようですが、宇宙ビジネスにかぎらず地味で地道で必要不可欠なプロセスです。誰のニーズを把握するのか、ターゲットを特定し、そのターゲットに対して、電話、アンケート、街頭調査、インターネットなど様々なアプローチでヒアリングを実施します。自社のプロジェクトチームメンバーで実施したり、調査会社に委託したり、インターネットのアンケート会社に委託したりと様々な方法があります。

Part 3　NewSpaceのビジネスモデル

事業構造を可視化して、ステークホルダと市場性を把握する
　ここまでで示したように、ビジネスモデルを可視化することは重要です。ステークホルダが誰なのか、何に対して対価を払っているのか、それはいくらなのか、収益性などの定性的把握に役立ちます。
　新規事業の創出や既存のビジネスの課題の抽出、改善を検討する際に、そのビジネスの全体像を把握しないまま、また、間接的に存在するプレイヤーを把握しないままで、議論を進めているケースもみられます。
　プレイヤーを特定すると、そのプレイヤーがどのような事業規模をもった企業なのか、戦うことが正しい相手なのか、プレイヤー間でどれくらいの金額規模のビジネスが成立しているのか、など色々と考えられる情報が増えます。
　また、競合他社の事業構造や自社が検討している宇宙ビジネスに参考となる他分野のビジネスの事業構造を作成し、参考にすることも有益です。

他分野のビジネスモデルを真似る、アレンジする
　民間企業の多くは、社内で新規ビジネスを検討する際に、全く斬新なビジネスモデルを創出することに注力し、最終的に不調に終わるケースがあります。正直なところ、世の中にない唯一無二のビジネスモデルを生み出す、これは非常に骨の折れる取組みです。実際に、IT企業、ゲーム企業、SNS企業など、斬新なビジネスモデルを提唱し成功してきた企業は存在します。しかしながら、そのような斬新なビジネスモデルをイチから創出する必要はなく、他分野のビジネスモデルを模倣する、もしくは一部を追加してアレンジするなどして、自社が有する技術、サービス、ノウハウ、リレーションなどを活用し、成功に導く宇宙ビジネスを生み出せる可能性は十分にあると考えています。
　他の分野で成功しているビジネスモデルが、別の分野ではみられてい

ない、これはチャンスと考えたほうがよいと思います。そこは、まだ誰も参入していないホワイトスペースである可能性があり、ブルーオーシャンの市場として構築できる可能性があります。

　もちろん、言うは易し行うは難しで、話は、そんなに簡単ではありません。このような検討でも十分に骨の折れる作業ですし、仮にホワイトスペースであったとしても、参入障壁が低ければ多くの企業が参入し、あっという間にレッドオーシャンの市場となってしまうからです。また、ビジネスモデルを真似たり、アレンジしたとしても、実際に事業採算性が取れるかどうかは別の話です。机上の結論では事業採算が取れるとなったとしても、マーケティング活動が失敗に終わるケースもあります。

避けて通れない信頼性と品質の考え方
　第2次世界大戦後から米国、ロシアを中心に開発された宇宙技術は、ロケットや人工衛星、さらには有人宇宙技術などに重きが置かれ、信頼性や品質を高いレベルにもっていく必要がありました。

　そのため、その時代には、宇宙技術に使われる信頼性及び品質プログラムは、文書としてまとめられ、標準化されました。例えば、米軍のMIL規格などが該当します。信頼性及び品質プログラムには、ロケットや人工衛星などに使用してよい部品・部材が規定され、また、宇宙用として部品、部材を使用するために、満足すべき製造工程や試験項目が規定されてします。

　その他にも米国航空宇宙局（NASA）は、NASAのスタンダード（標準）、欧州宇宙機関（ESA）では、ESAのスタンダード、宇宙航空研究開発機構（JAXA）であれば、JAXAのスタンダードがあります。これらのスタンダードは、各宇宙機関が製造するロケットや人工衛星に対して適用されるものですが、このようなスタンダードを有している民間企業はほぼないため、多くのメーカーではこれらのスタンダードに準じて人工衛星がつくられているのが一般的です。

Part 3　NewSpace のビジネスモデル

　しかしながら、このような時代に、変化が訪れつつあります。NewSpace の時代になり、ベンチャー企業が多く台頭してきています。彼らは、技術開発のみならず、ビジネスを実施し、収益を上げることを第一の目的にしているため、各宇宙機関が規定するスタンダードに準じてロケットや人工衛星を製造してしまうと、コスト高になり事業採算性が成立しなくなってしまいます。そこで、彼らは、人工衛星やロケット、宇宙旅行機、惑星探査機などが故障しない程度の信頼性や品質を保ちつつ、コスト削減策について、様々なアイデアを出し実施しているわけです。

　彼らは、宇宙用部品ではなく、宇宙用部品に比べて低価格でありながら、信頼性、品質が高い自動車用部品の採用や、巷の電気街で売られている民生用部品の採用を試行錯誤しています。

　宇宙用部品は、宇宙空間という過酷な環境下で正常に動作することが求められるためにつくられました。宇宙線（放射線）に耐えること、太陽光の陽と陰での温度変化に耐えること、ロケットの音響、振動環境に耐えることなどが挙げられます。

　正直なところ、Old Space 出身者には、この NewSpace の取組みに対して懐疑的な人も少なからずいることは否定できません。

　筆者も、民生用の部品のみでロケットや人工衛星などが製造できるかどうかは答えることができません。しかしながら、時間をかければ宇宙に最適な民生部品を見つけ出すことができるかもしれない、もしくは、宇宙用部品として最適な低コストの宇宙用部品が生み出されるかもしれないと考えています。この最適な宇宙用部品とは、宇宙空間で正常に動作するために、オーバースペックでも駄目であり、ロースペックでも駄目であり、"ほどよい"信頼性と品質をもつ部品という意味です。

　東京大学中須賀真一教授を中心に「ほどよし」と呼ばれる信頼性工学も推進されています。

　いつの時代も、どの業界でも、先駆的な取組みに対しては、非難の声

が少なからずあるのは確かです。筆者は、この NewSpace の取組みが宇宙ビジネスを低価格化に向かわせ、現時点では想像もつかなかった B2B、B2C の多種多様なビジネスが生み出されることを期待しています。

　日本では、2018年11月から宇宙活動法が全面施行され、民間事業者が満たすべき安全基準などが定められ運用されていくことになります。その基準を満たしさえすれば民間事業者は、ロケットや人工衛星を打上げることが可能となります。この基準も今後の宇宙ビジネスにおいて非常に重要な要素になっています。

宇宙ビジネスのユーザを発掘する、開拓する
　新規事業創出などの際に自社のSWOT分析、戦略立案などを実施したことがある、実施してきた民間企業が多いと思います。SWOT分析は、様々な"型"があり、重要な分析手法の1つです。内部環境分析である自社の強み（Strength）、弱み（Weakness）と、外部環境分析である機会（Opportunity）、脅威（Thread）を様々なフレームワークを用いて、詳細に分析します。その分析結果を活用することで、積極的に事業を展開すべきもの、差別化を図るもの、段階的に施策を実施するもの、防衛策や撤退を図るものなどに分類し、攻め方、つまり「戦略」を決めます。この検討プロセスが基本となるでしょう。
　しかし、この検討プロセスではSWOT分析結果から戦略を立案する際に、"芸術的なセンス"が必要となることが多いです。その芸術的センスは、戦略立案に対して多くの経験などを有することで構築することが可能となる属人的なセンスであり、この独特の芸術的なセンスなしには、戦略が有効に機能しないものになるケースも多いです。このことは、経営学、ビジネスモデルの専門家である今枝昌宏氏も課題として提起しています（「ビジネスモデルの教科書」今枝昌宏氏、東洋経済新報社）。

Part 3　NewSpaceのビジネスモデル

　この課題を解決するためには、既に成功したビジネスモデルを模倣したり、応用したりすることが解決策の1つになりうるだろうと筆者は考えています。これが宇宙ビジネスの発掘のポイントの1つ目です。成功したビジネスモデルは、事業戦略などが含まれた形で形成されているため、新規事業のビジネスモデルの創出が的確かつスピード感をもって実施でき、成功の確率が高くなる可能性があります。また、NewSpaceといわれる時代の宇宙ビジネスは黎明期から揺籃期に突入した段階ですが、Old Spaceの時代に形成された特殊性が、よい意味でも悪い意味でも少なからず引き継がれています。そのため、非宇宙関連企業がこの特殊性のある宇宙ビジネスに参画を検討する際に、何から始めたらよいのかと立ち止まってしまう場合も少なからずあると思います。国内外の宇宙ビジネスモデル事例などを参考にしつつ、上記の視点で、成功したビジネスモデルの事例を活用することは非常に有効であると考えています。

　もう1つ、ニーズオリエンティッドな視点を考慮することです。自社の唯一無二の技術、製品、サービスをシーズ思考でもって新規事業創出した場合、需要がないため売上不振などに陥るケースが多々あります。クライアントがどのような課題をもっているのか、何がほしいのか、その際に技術、製品、サービスがどのようなシーンで使われる可能性があるのかなど、ニーズ（クライアントが抱える課題）を踏まえて、検討することが重要です。ニーズは、クライアントとの打合せや日頃の雑談などから得られることも多くあります。また、アンケートやヒアリングなどを利用して情報を得ることもできます。
　上記のポイントは、宇宙ビジネスに限らず広く一般的な業界に適用できますが、特に黎明期から揺籃期であるNewSpaceという、新規性と従来から引き継がれた特殊性を有する時代において、新規参入を検討する非宇宙関連企業に対して、頭の片隅に入れてほしいポイントです。

宇宙ビジネス新規参入の勘所

　宇宙ビジネスに新規参入するには、では具体的に何をしたらよいのか、と考える読者も多いと思います。

　一般的に、まずは、民間企業は、現在保有する技術、サービスやノウハウなどを宇宙ビジネスの市場で活用することを検討するでしょう。

　その新規参入の考え方の方向性は、次ページの図にも示したように以下の2つがあると思います。

① 既存の市場にある既存の技術・サービスを宇宙ビジネスという新市場に適用させる
② 既存の市場にある既存の技術・サービスをバージョンアップ、パワーアップさせ、宇宙ビジネスという新市場に新規の技術・サービスとして導入する

　例を示すと、①について材料メーカー、部品メーカーなどが、以前から卸している市場の製品を宇宙ビジネス用としてそのまま販売するビジネスが考えられます。宇宙ビジネス用として、宇宙環境下へ適用する必要がある場合は、それに耐えうる試験を実施して確認する必要があるでしょう。

　ただし、既存の技術やサービスを活用していても、宇宙ビジネスという新市場用にバージョンアップ、パワーアップなど開発行為が必要となる場合は、②に該当します。

　PDエアロスペースにH.I.S.が出資し、宇宙旅行ビジネスへの参入を計画しています。これは、国内、海外旅行の旅行代理店としての技術・ノウハウをPDエアロスペースと連携して、宇宙ビジネスという新規市場に適用しようとしているよい例です。

　その他、図に示す③、④の方向性があります。③、④は、市場を変えることなく実施する施策であるため、主に従来からの宇宙企業に該当するものです。

Part 3　NewSpaceのビジネスモデル

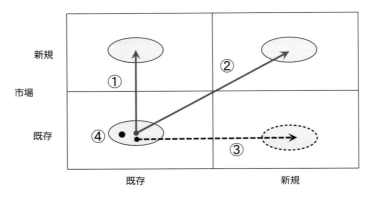

企業の製品・サービス

① 企業の既存の製品・サービスを新市場へ
　・現在、A市場に投入していた製品・サービスをそのまま宇宙市場へ投入する。
② 企業の既存の製品・サービスを新しい製品・サービスに変え、新市場へ
　・現在、企業が保有している製品・サービスをバージョンアップし、宇宙市場へ投入する。
③ 企業の既存の製品・サービスを市場を変えることなく、新しい製品・サービスへ
　・現在、宇宙市場において、企業が保有している製品・サービスをバージョンアップし、宇宙市場へ投入する。
④ 現状維持もしくは、改善
　・企業の製品・サービスについて、現状維持、改善。
　※宇宙企業であれば、そのまま現状維持、非宇宙企業であれば、宇宙市場に参入しない。

宇宙ビジネスの新規参入の考え方

　③は、宇宙市場において、企業の有する製品、サービスをバージョンアップするものです。他の産業でいえば、例えば、自動車産業において、ガソリン車が主流である市場に、ハイブリッド車、電気自動車を市場に投入する場合が該当するでしょう。
　④は、現状維持を意味します。宇宙企業であれば、そのまま現状維持することになります。非宇宙企業であれば新規参入はしない、ということになります。

第 8 章　宇宙ビジネスに新規参入するには

　民間企業は、現在保有する技術、サービスやノウハウなどを宇宙ビジネスの市場で活用することを検討した結果、自社の力ではダメという結論であれば、宇宙ビジネスへの参入をあきらめることになるか、技術やサービスを新規に開発するかを選択することになります。その他にも、自社の有していない部分を他社の力を借りて実施するという選択肢もあると思います。

　現在までに宇宙ビジネス市場に参入しているビジネスをマッピングして図に示しました。

　既存の技術、製品、サービスとして Old Space より存在するビジネスの、大型ロケットビジネス、リモートセンシングビジネス、衛星通信ビジネス、小型衛星ビジネス、衛星測位ビジネスを提示しました。

　これらのビジネスの多くは、既存の技術、製品、サービスを新しくバージョンアップ、パワーアップし、新しい技術、製品、サービスとして、新しい市場に投入するイメージです。測位ビジネスは、自動運転ビジネスやドローンビジネスへと進化し、小型衛星ビジネスは、Spaceflight 社の大型衛星支援ビジネス、アストロスケールのスペースデブリ除去ビジネス、ALE 社の人工流れ星ビジネス、アクセルスペースや SpaceKnow 社などのプラットフォームビジネスへと移り変わっています。

　衛星通信ビジネスは、SES 社、スカパー JSAT などの静止衛星を活用したものから、小型衛星の大規模コンステレーションによるグローバルブロードバンド環境提供ビジネスへとなっています。

　また、大型の人工衛星のロンチサービスを実施する大型ロケットビジネスは、バージョンアップすることで小型ロケットビジネスや超大型ロケットビジネスへと移り変わっています。超大型ロケットビジネスはさらに、宇宙旅行や惑星移住ビジネスにも活用されようとしています。

　図に示す各ビジネスのプレイヤーは異なりますが、企業の新規事業の参入の考え方として役立つと思います。

Part 3　NewSpace のビジネスモデル

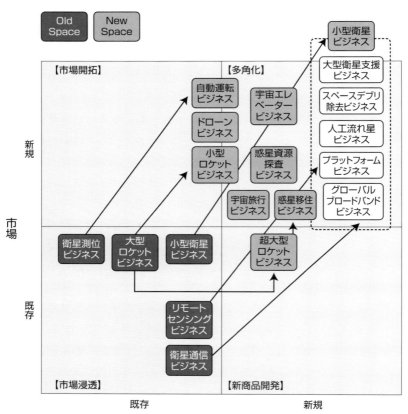

宇宙ビジネスの新規参入の現状イメージ

おわりに　　宇宙ビジネスの未来

　宇宙ビジネスの未来はどうなるでしょうか、という質問をされることがよくあります。正直なところ、宇宙ビジネスにしろ、どの業界のビジネスにしろ、未来を正確に予想することは不可能といってよいでしょう。未来のことは誰にもわかりません。

　世界の政府や宇宙機関は、宇宙ビジネスの未来像ということで10年後、20年後、さらに30年後のロードマップを描いたりしています。これは、ギャンブルのように予想しているのではなく、ある技術やサービスなどがこのような時代には実現されているから、こうなるだろう、とか、この時代には、このような技術やサービスが実現してほしい、実現すべきだ、という考えにもとづいて作成されたものです。

　また、単に未来を予想するのではなく、自ら未来をつくり出すことに全力を注いでいるプレイヤーが宇宙ビジネスの分野には多く存在しています。それは、企業という集合体であり、または一個人であったりします。未来を単に想像し、予想しているのではなく、彼らは、思い描いている世界をつくり出すことに躍起になっているのです。そのプレイヤーは、いわずもがな、世界の宇宙ビジネスに大きな影響を与えているSpaceX社のイーロン・マスク氏やVirgin Group社のリチャード・ブランソン氏、Amazon創業者でBlue Origin社のCEOジェフ・ベゾス氏などです。

　彼らのつくり出す世界が、世界の宇宙ビジネスの未来像である、と簡単に終えてしまうのも1つですが、日本の宇宙ビジネスは、どのような未来になっているでしょうか。彼らがつくり出す宇宙ビジネスの未来像に乗っかって、日本は宇宙ビジネスを展開するでしょうか。

　筆者は、もう少し下位のレベルで次のように考えています。
　宇宙ビジネスのビジネスモデルやプレイヤーは、これからも多様化し

続けるでしょう。それは、B2B、B2C のビジネスが多く創出されるという意味です。非宇宙企業の多くが、様々なビジネスを生み出していくでしょう。その前提として、人工衛星やロケットなどの製造費、打上げ価格が下がっている必要があります。人工衛星を活用した宇宙ビジネスの種類や数は、その人工衛星の価格に相関すると考えられるからです。生み出される宇宙ビジネスの価格は、人工衛星の価格が高ければ高いほど、コストの積み上げになるため、高くなります。

　逆に人工衛星やロケットといった宇宙インフラの価格が十分に下がれば、様々なシーンで宇宙ビジネスが活用され、宇宙ビジネスが身近になり、B2C の C がよい意味で宇宙の存在を忘れる、宇宙を感じることがないままサービスや製品を利用する時代になるでしょう。

　その後、宇宙ビジネスが多様化すると、次に訪れるのは、コーポレートレベルのビジネスです。大きな経営力を有する企業を中心に、魅力のあるビジネスモデルをもつ企業と連携したり、買収したりするでしょう。また、多種の企業が１つの事業体をつくり出し、ビジネス規模を拡大したり、新しいビジネスを生み出す時代が来るでしょう。つまり、企業の統合が行われていく時代です。この時代のあとには、小型衛星製造事業者が２、３社程度、小型ロケット製造事業者が２、３社程度に集約され、トップ企業のあとに、フォロワー、ニッチャーと続く構造になるでしょう。これは、携帯通信事業の構造と類似した考えです。しかしながら、衛星データを活用するビジネスは、多様化し続けるでしょう。新しい市場が形成されているかもしれません。

　予想できないのは、火星移住や惑星資源探査事業です。参考になる情報や前例がなく、現在の技術を活用する火星移住や惑星資源探査事業のフィージビリティーについて、ロジカルに物語ることが筆者では困難です。筆者は、火星移住や惑星資源探査事業について、事業採算性が成立する魅力あるビジネス領域になってほしいという期待はありますが、将

おわりに　宇宙ビジネスの未来

来を予想するには多くの仮定が必要です。前提として、人類が火星に移住したい、地球を脱して他の惑星に住みたい、住まなければならないと考える理由、惑星にある資源を地球に持ち帰らなければならない理由が、必然かつ明確であれば、話は別です。

　一方、政府や宇宙機関は、宇宙ビジネスにおいてどのような役割を担っていくのでしょうか。政府や宇宙機関は、その時代の最先端となる宇宙技術の開発を世界トップレベルとなるように実施し、また、民間企業が宇宙ビジネスを実施しやすい環境づくりのための支援として、法制度の構築に向けた取組みや、必要となるインフラや支援制度などの構築を実施することでしょう。宇宙先進国であり続けることは、安全保障上、外交上などの面においても重要です。

　NewSpaceの時代は、小型衛星、小型ロケットの時代である、という意味合いが強いため、その"小型の時代"として定義すると、宇宙ビジネスは当分の間、小型と大型の2つの分野に分かれているでしょう。大型衛星は大型衛星としての役割があるため、存在し続け、技術開発を重ねながら進展し続けるでしょう。例えば、高分解能のリモートセンシング衛星や高速・大容量の通信衛星がそれに該当します。

　宇宙ビジネスへの新規参入を検討するには、内閣府、経産省など政府機関に相談する、JAXAに相談する、大学や研究機関の専門家、有識者に相談する、VCなどの投資家に相談する、現在宇宙ビジネスを実施している国内外の企業に連携や支援など話を持ちかける、コンサルティングファームに相談するなど色々な方法があります。もちろん、秘密裏に動くのもあります。宇宙ビジネスに関するイベントやセミナーなども開催され、ネットワークを比較的容易に構築することができます。

　宇宙は、最後のフロンティアといわれるフィールドです。今後、多く

の個人や企業が宇宙ビジネスに参画したい、参画を検討したいと、少しでも宇宙ビジネスに興味を持ってもらえたら、筆者は幸いです。

索　引

【数字】

3Dプリンター ……………… 136

【アルファベット】

Adcole ……………………… 170
adidas ……………………… 96
Advanced Crew Escape Suits … 97
Aerojet Rocketdyne ………… 170
AI ………………… 41, 45, 117
Airbus Defense and Space … 68, 93
Airlock Module …………… 100
ALE …………………… 36, 56
AMOS-6 …………………… 87
Angara A5 ………………… 74
Angara A7P ……………… 74
AR ………………… 45, 111, 113
ARTSAT KIT ……………… 124
Astrobotic Technology ……… 107
Atlas V …………………… 24
AxelGlobe ………………… 162
B2B ……………………… 142
B2C ……………………… 142
B330 ……………………… 100
Ball Aerospace …………… 170
BEAM ……………………… 99
BeiDou ……………… 129, 132, 172
Bigelow Aerospace ………… 99
Bigelow Space Operations …… 100
Blockstream ……………… 85
Blockstream Satellite ……… 85
Blue Abyss ………………… 98
Blue Origin ………… 53, 68, 94, 187
Boeing ……………… 68, 96, 102
Boeing Satellite Systems …… 92
Breakthrough Initiative …… 109
BRFロケット ……… 1, 68, 95, 102
CAMUIロケット …………… 55
CASIS …………………… 100
CAST ……………………… 135
CHEOS …………………… 133
Cloud ……………………… 135
CNSA ……………………… 128
Connectivity Lab …………… 86
Crew Space Transportation-100　96
CST-100 …………………… 96
DARPA …………………… 37
Data Explorer ……………… 88
Deep Space Gateway ……… 102
Deep Space Industries …… 35, 107
Delta IV …………………… 24
Delta IV Heavy …………… 74
Descartes Labs …………… 40
DHL ……………………… 107
Digital Factory ………… 78, 80
DS2000 …………………… 93
Electronロケット ………… 71
Elysium Space …………… 122

191

索　引

ESA ……………………………… 61	IoT …………………… 41, 45, 117
Escape Dynamics ……………… 69	IRNSS …………………… 132, 172
Eutelsat …………… 87, 93, 127, 145	ispace ……………………… 1, 56
Exploration Park ……………… 169	ISS ……………………………… 96
FAA ……………………… 106, 115	IT ……………………………… 45
Facebook ………… 79, 86, 109, 164	IT農業 ………………………… 154
Falcon 9 ……………… 1, 24, 67, 102	KuangChi Science …………… 135
Falcon Heavy ………… 68, 73, 102	Kymeta ……………………… 116
FCC ……………………………… 79	Launcher One ………………… 68
FPGA ……………………… 41, 169	Lavazza ……………………… 119
G2B …………………………… 143	LeoSat Enterprises …………… 127
Galileo ………………… 132, 172	Lightflyer ………………… 55, 56, 69
Genesis I ……………………… 99	Lockheed Martin ………… 68, 103
Genesis II ……………………… 99	Lunar Dream Capsule ……… 107
GLONASS ……………… 132, 172	Made in Space ……………… 136
GNSS …………………………… 55	MADOCA ……………………… 59
Google ………………………… 88	Manus VR …………………… 113
Google Lunar XPRIZE 34, 104, 106	Mars2117 …………………… 103
GPS …………………………… 172	Mars Base Camp …………… 103
GREE ………………………… 113	Mars Desert Research Station 104
GSLV …………………………… 24	MIL規格 ……………………… 179
HAKUTO …………………… 1, 56	Moog ………………………… 169
H-IIA …………………………… 24	Moon BOX …………………… 107
H-IIB …………………………… 24	Moon Express …………… 72, 106
Hyper Loop ………………… 102	MSIGW ……………………… 110
ICT …………………………… 117	MX-9 ………………………… 107
IKEA ………………………… 103	NanoRacks …………………… 100
IMES ………………………… 124	NASA …………………… 37, 61, 72
Indoor MEssaging System …… 124	New Glenn …………………… 68
infuse Location ……………… 124	New Shepard ………………… 94
IntelSat ………………… 127, 145	NewSpace …………………… 2, 52
Interplanetary Transport System ……………………… 101	NEXTAR ……………………… 93
	NFV ………………………… 117

O3b	80	SDN	117
OEM	169	SES	34, 127, 145
Old Space	1	SEXTANT	136
OneWeb	78, 79, 80, 169	SLS	102
Orbital ATK	69	SMI	87
Orbital Insight	88	S-NET	39
Orbit Logic	89	Solar City	102
OverView 1	84	SPA	169
PDエアロスペース	55, 56, 71, 95	Space 360	123
Peregrine	107	Space Angels	101
Planet	72	Space BD	36, 56, 57, 122
Planetary Resources	35, 55	Spaceflight	72, 81
Pokemon GO	111	SpaceKnow	40, 87, 165, 167
PRN番号	124	Spaceport America	76, 96
Project Sunroof	88	SpaceShipTwo	60
Prospector-1	108	SpaceVR	84
Prospector-X	108	SpaceX	1, 53, 67, 68, 94, 101, 187
Proton M	24, 74	SPC	63
PSLV	24	Spire	72
QBIC	39	Stargazer	69
QCD	41, 42	Starlink	79
Qualcomm	78	Stratolaunch Systems	53, 68
Raytheon Missile Systems	169	Surrey Satellite Technology	133
Reaction Engines	70, 94, 96	SWOT分析	181
Remotely Operated Vehicle	128	TeleSat	127
Rocket Lab	71, 72, 75	Tesla	102
ROV	128	TFF	125
RT	123	The Spaceship Company	60
Russia Today	123	Thoth Technology	76
Rutherford	71	Tintin A	79
Sapcorda Services	59	Tintin B	79
SBIR	37	Traveler	135
S-Booster	39	TripleSat	133

索 引

Twenty First Century Aerospace Technology ……………… 133	今枝昌宏…………………………… 181
ULA ……………………………… 68	インターステラテクノロジズ 55, 56, 61
UPS ……………………………… 115	インフォステラ ………………… 57
UrtheCast ……………………… 89	ウェアラブル …………………… 156
V2X ……………………………… 117	植松努……………………………… 55
VE ………………………………… 42	植松電気………………………… 55, 56
Vector Space Systems………… 72	宇宙活動法 …………………… 3, 32
Vehicle to X …………………… 117	宇宙活動法2法 ……………… 45, 62
Virgin Galactic ……… 59, 68, 94, 96	宇宙基本計画 ………………… 32, 45
Virgin Group…………………… 187	宇宙基本法 …………………… 32, 45
Virgin Orbit …………………… 59	宇宙工程表……………………… 32, 45
VR ……………………… 45, 111, 113	宇宙産業ビジョン2030 …5, 39, 43, 45
Vulcan …………………………… 68	宇宙条約 ………………………… 31
WhiteKnightTwo ……………… 68	宇宙食 …………………………… 118
XPNAV-1 ……………………… 135	宇宙葬ビジネス ………………… 122
XPRIZE財団 …………………… 105	宇宙太陽光発電所 ……………… 130
X線パルサー航法衛星 ………… 135	宇宙日本食認証基準……………… 119
	宇宙飛行士……………………… 113
【あ】	宇宙服…………………………… 96
	宇宙旅行訓練ビジネス ………… 98
アクセルスペース ……… 36, 56, 127	ウミトロン …………………… 56, 57
アストロスケール …………… 56, 83	衛星通信事業……………………… 127
アラブ首長国連邦 ……………… 103	衛星通信事業者…………………… 145
アリババ ………………………… 132	衛星データ …………………… 39, 154
イーロン・マスク ……… 1, 53, 101, 187	エッジコンピューティング ……… 117
イオン …………………………… 115	エネルギア ……………………… 123
イオン推進スラスター ………… 92	エリック・シュミット ………… 55
板橋悟 …………………………… 143	エンターテインメント ………… 127
一般社団法人筑波フューチャーファンディング ……………… 125	エンルート ……………………… 127
	欧州宇宙機関……………………… 61
稲川貴大…………………………… 55	大塚製薬 ………………………… 107
イヌ用人工血液 ………………… 120	オープンフリー政策 …………… 40
イプシロンロケット …………… 24	オール電化衛星 ………………… 92

194

岡田光信	56		広告	168
岡島礼奈	57		交通	158
緒川修治	56		高分	133
屋内測位システム	124		国際宇宙ステーション	96
オスカーグループ	125		国家航天局	128
オスカープロモーション	126		コンポーネント	143
オリックス	159			
俺の	167		**【さ】**	
音響試験	143		ザッカーバーグ	109
			サプライチェーン方式	168
【か】			シーズオリエンティッド	177
カーナビゲーション	158		ジェフ・ベゾス	53, 187
化学推進スラスター	92		自動運転	154
柿沼薫	55		自動運転農機	114
拡張現実	113		シャープ	116
仮想現実	113		渋滞	158
課題解決型	165		酒泉衛星発射センター	131, 135
金田政太	57		準天頂衛星	132, 172
亀田の柿の種	118		商社	121
亀田製菓	118		女子美術大学	97
観光ビジネス	157		人工知能	117
気球型宇宙船	135		神舟	131
岸本信弘	57		新世代小型ロケット開発企画	59
技術オリエンティッド	48		振動試験	143
キヤノン	117		推進系	170
空間知能化研究所	127		スイス連邦工科大学ローザンヌ校	84
クボタ	114		水中ドローン	128
クラウドファンディング	60		スカパーJSAT	127, 145
倉原直美	57		スタートラッカー	170
栗田工業	118		ステファン・ウイリアム・ホーキング	109
グローバル測位サービス	58		スペースエンターテインメントラボラトリー	56, 57
継続性	40, 41		スペース・クローズ	97
月面供養	122			

索　引

スペースシフト ……………… 124
スリップリング ……………… 170
西濃運輸 ……………………… 114
千尋位置ネット ……………… 132
ソフトバンク ………………… 169
ソユーズ ……………………… 24

【た】

第三の波 ……………………… 52
太陽センサー ………………… 170
大量生産化 …………………… 169
地球観測衛星 ………………… 172
中央大学 ……………………… 120
中国 …………………………… 128
中国運載火箭技術研究院 …… 134
中国衛星導航定位協会 ……… 133
中国科学院宇宙応用工学技術センター
　……………………………… 136
中国科学院重慶グリーン・スマート技
　術研究院 …………………… 136
中国空間技術研究院 ………… 135
中国航天科技集団公司　128, 129, 130
中国航天科技集団ロケット技術研究院
　……………………………… 129
中国兵器工業集団 …………… 132
長征 ………………… 129, 131, 135
長征3号、4号 ………………… 24
通信衛星 ……………………… 172
通信試験 ……………………… 143
低軌道衛星向け地上局サービス　127
テレマティクス ……………… 158
天宮1号 ……………………… 131
天宮2号 ……………………… 131

天候デリバティブ …………… 110
特別目的会社 ………………… 63
凸版印刷 ……………………… 112
ドローン ………………… 115, 174

【な】

永崎将利 ……………………… 57
中須賀真一 …………………… 180
中村友哉 ……………………… 56
流れ星供養 …………………… 122
ナビタイムジャパン …… 112, 159
ニーズオリエンティッド …… 176
日本ユニシス ………………… 88
任天堂 ………………………… 167
ネコ用人工血液 ……………… 120
熱真空試験 …………………… 143

【は】

買収 …………………………… 63
袴田武史 ……………………… 56
原政直 ………………………… 57
パルサー ……………………… 135
ピクト図 ……………………… 143
ビジネスオリエンティッド … 48
ビジネスモデル ……………… 142
ビジョンテック …………… 56, 57
日立造船 ……………………… 115
ビッグデータ ………………… 41
ファームシップ …………… 56, 57
藤原謙 ………………………… 57
物流 …………………………… 158
フラットアンテナ …………… 116
プラットフォーム …………… 164

プラットフォームビジネス ……… 167
フリーモデル ……………………… 166
ブルーオーシャン戦略 ………… 167
米国宇宙科学促進センター …… 100
米国航空宇宙局………………… 37, 61
米国国防高等研究計画局………… 37
米国連邦航空局…………… 106, 115
ポール・アレン ………………… 53
北斗…………………………… 132, 172
ホセ・フェルナンデス ………… 98
ほどよし ………………………… 180

【ま】

マーカス・エングマン …………… 104
マゼランシステムズジャパン … 56, 57
三井住友海上……………………… 165
三井住友海上火災保険…………… 110
ミッション機器 ………………… 40
民生用部品………………………… 180
ムハンマド首相 ………………… 103

【や】

ヤクルト …………………………… 119
山崎直子…………………………… 97
ユリ・ミルナー ………………… 109

【ら】

ラストワンマイル………… 115, 175
ラリー・ペイジ ………………… 55
リクルートテクノロジーズ ……… 124
リチャード・ブランソン ……… 68, 187
リモートセンシング …………… 147
リモートセンシング衛星………… 172
リモートセンシング法 ………… 32
ルクセンブルク ………………… 35
ロケットエンジン ……………… 170
ロバート・ビゲロー……………… 99

【著者略歴】

齊田 興哉（さいだ ともや）

1976年、群馬県生まれ、群馬県立前橋高校卒。
2004年、東北大学大学院工学研究科を修了（工学博士）。2004年、宇宙航空研究開発機構（JAXA）に入社し、人工衛星の開発プロジェクトに従事。2012年、日本総合研究所に入社。政府が進める人工衛星の整備および宇宙事業に係る業務に従事。専門は、人工衛星など宇宙事業に係るPFI事業、宇宙ビジネスである。

● 執筆

「第1回～第3回 日本の宇宙ビジネスについて」ダイヤモンドオンライン（2015年）
「宇宙ビジネス、これからがチャンス」日経テクノロジーオンライン（2015年）
「齊田興哉の宇宙ビジネス通信」日経xTECH（2015年4月～毎月配信）
「宇宙開発の技術・産業の動向から読み解く 日本の宇宙ビジネスの課題とビジネスチャンス」研究開発リーダー、技術情報協会（2016年2月号）
「民間主導の宇宙ビジネス時代到来」金融財政ビジネス、時事通信社（2015年）
「国内外で見られる宇宙ビジネスモデルと宇宙ビジネス発掘のポイント」研究開発リーダー、技術情報協会（2017年6月号）
「ニッチに勝機あり 既存製品で宇宙転用も」生産財マーケティング、ニュースダイジェスト（2017年9月）
「今後の日本産業で必要とされる人材とは」研究開発リーダー、技術情報協会（2018年2月号）

● 講演・セミナー

「民間企業主導の宇宙ビジネスの時代到来 ～世界と「別土俵」で勝負～」宇宙航空研究開発機構、2015年度、「宇宙用太陽電池の特性評価技術に関する検討委員会」第2回委員会（2015年）
「～これからの宇宙産業におけるイノベーション人材とは～ 今後の日本の宇宙産業で必要とされる人材」パソナ宇宙プロジェクト主催『ビジネスセミナー（第二弾）』（2016年）
「日本の宇宙産業を取り巻く情勢」宇宙航空研究開発機構、宇宙用電源および関連技術連絡会（2017年）
「宇宙ビジネス通信in福井」ふくい宇宙産業創出研究会セミナー（2016年）
「日本の宇宙産業の未来」三井住友海上、宇宙ビジネスに関するリスクコンサルセミナー（2017年）
「宇宙ビジネス入門セミナー ～国内外の宇宙ビジネスの最新動向と宇宙ビジネス発掘のための勘所～」情報機構（2017年）

● メディア出演・コメント

NHKニュースウォッチナイン（2015年4月9日）、NHK BS1 経済フロントライン（2015年4月18日）、Channel NewsAsia（2018年1月18日）、日経産業新聞、読売新聞、日経新聞、毎日新聞、フジサンケイビジネスアイ、中部経済新聞、など多数

宇宙ビジネス第三の波
NewSpaceを読み解く

NDC 675

2018年4月18日　初版1刷発行

Ⓒ　著　者　齊　田　興　哉
　　発行者　井　水　治　博
　　発行所　日刊工業新聞社
　　　　　　東京都中央区日本橋小網町14-1
　　　　　　（郵便番号 103-8548）
　　　電　話　書籍編集部 03（5644）7490
　　　　　　　販売・管理部 03（5644）7410
　　　ＦＡＸ　　　　　　　03（5644）7400
　　　振替口座　00190-2-186076
　　　URL　　http://pub.nikkan.co.jp/
　　　e-mail　info@media.nikkan.co.jp

定価はカバーに表示してあります

印刷・製本　新　日　本　印　刷　㈱

落丁・乱丁本はお取替えいたします。　2018 Printed in Japan
ISBN 978-4-526-07844-6　C3034
本書の無断複写は、著作権法上での例外を除き、禁じられています。